太空中的原子能
一段历史

Atomic Power In Space
A History

美国能源部 ◎组编

向清沛 彭述明 郝樊华 ◎译

北京大学出版社
PEKING UNIVERSITY PRESS

Atomic Power In Space
A History

March 1987

Original prepared by:
Planning Human Systems, Inc.
Washington, DC
Under Contract No. DE-AC01-NE32117

Original prepared for:
U.S. Department of Energy
Assistant Secretary for Nuclear Energy
Deputy Assistant Secretary for Reactor Systems
Development and Technology
Washington, DC 20545

◇◇ 版权与免责声明 ◇◇

中译本序言一

习近平总书记指出："探索浩瀚宇宙，发展航天事业，建设航天强国，是我们不懈追求的航天梦。"我国航天经过 60 多年的发展创造了以"东方红一号""神舟五号""嫦娥一号"为标志的辉煌成就。特别是进入新时代以来，嫦娥揽月，北斗指路，祝融探火，羲和逐日，天和遨游星辰，"悟空""慧眼"探索宇宙奥秘，我国航天砥砺奋进，不断创造出新的成就，实现新的跨越。

今年，党的二十大胜利召开，明确提出要加快建设航天强国，为我国航天后续发展擘画了宏伟蓝图。探索浩瀚宇宙离不开航天科技与核科技紧密配合，同位素热源、同位素电源已成功应用于"嫦娥三号""嫦娥四号"探测任务，为我国探月工程的顺利实施提供了坚实保障。面向未来，我国将持续开展空间探索，不断深化对宇宙的认识。核领域与航天领域科学技术的充分结合，是我国探索太空脚步走向更深、更远的重要基础。

我作为国家航天局局长、国家原子能机构主任，非常高兴看到航天科技与核科技在深空探测领域实现深度融合、密切协作，也希望空间核动力等技术为航天走向深空发挥更大作用，共同推动我国航天事业行稳致远。我深信，持续发展的空间核动力技术一定能为航天人追逐星辰的梦想插上更为强大的翅膀，合力推动我国深空探索向着广袤的宇宙持续迈进，共同谱写中国人探索浩瀚宇宙的新篇章。

　　空间核动力是支撑航天事业跨越发展的战略核心技术，世界航天强国高度关注并持续发展。我们清楚地知道，空间核动力是一项融核能、航天、信息、安全、环境等学科于一体的综合性前沿技术，技术高度复杂、安全要求苛刻，必须坚持高水平科技自立自强，将关键核心技术牢牢掌握在自己手中。同时，我们也要以开放包容的态度，积极借鉴参考他国的成功经验和失败教训。

　　"太空中的原子能"系列丛书的翻译出版为我们了解美国在发展空间核动力过程中的经验和教训提供了一个重要的窗口。在这套书中，我们可以看到放射性同位素电源在庞大复杂的航天任务中的重要作用，看到在空间核动力技术的发展并非是一片坦途，看到空间和核科学技术深度融合的重要性等等，这些都可以为我们发展自主的空间核动力技术提供有益的借鉴。

国家航天局局长　国家原子能机构主任

张克俭

2022 年 12 月 25 日

中译本序言二

从钻木取火到核能利用，对能源的开发和利用一直是人类文明发展的动力。在人类将触角伸向太空，不断探索未知世界、揭示宇宙奥妙的旅途中，空间能源动力为实现这一梦想插上了自由飞翔的翅膀。其中，太阳能是大多数空间任务所依赖的能源手段，而在一些太阳能不能满足需要的任务中，核能以其独特的优势保障了能源需要。到目前为止，美俄已先后将搭载于航天器的53个放射性同位素电源、300多个放射性同位素热源、36个空间核反应堆电源送入太空。

空间核动力技术是持续、稳定、充沛的核能技术在空间的应用，是航天和核工业结合的交叉性战略前沿高科技领域，能根本性地解决因距离太阳远、星表昼夜交替等导致传统太阳能无法利用或其电源能力不足的问题，以及化学推进比冲低的难题，是高效开展空间探索的必要基础，也是大规模开发和利用空间资源的重要前提。在人类走向更遥远星际的征途上，空间技术与核能技术已不可分割，这种结合将推动人类对宇宙的探索进入一个崭新的时代。

嫦娥奔月，逐梦九天，探索浩瀚无垠的宇宙，一直是中华儿女的共同梦想。学科交叉融合、创新带动突破是我国探月工程取得辉煌成就的一个重要保障，其中空间核动力技术的应用就是一个典型的例证。"嫦娥三号"实现了我国地外天体软着陆探测的首次成功，"嫦娥四号"在人类历史上首次实现航天器在月球背面软着陆和巡视勘察。在这两次任务中我国分别首次使用了放射性同位素热源和放射性同位素电源，为月夜环境下仪器设备的保温生存和正常工作提供了必要的热能和电能，保障了任务顺利实施。毫无疑问，伴随我国载人登月、月球基地等重大工程的实施，以及未来的天基遥感与通信、星际轨道转移等领域的任务开展，空间核动力技术仍将发挥不可替代的重要作用。

源自内在的技术难度和外在的安全要求，空间核动力技术发展面临巨大挑战。我们必须加快实现高水平科技自立自强，以国家战略需求为导向，集聚力量进行原创性、引领性技术攻关，坚决打赢关键核心技术攻坚战，走出一条具有中国特色的空间核动力发展之路。同时，博采众家之长，充分借鉴和吸收国际空间核动力技术研究和发展中的经验教训，对高效支撑我国未来空间探索领域跨越式发展是十分必要的。

"太空中的原子能"系列丛书的翻译出版为我们了解空间核动力技术在美国的发展过程提供了丰富的材料。全书脉络清晰、细节丰富、语言生动、扣人心弦，是一套不可多得的、兼具可读性和专业性的作品，可为我国从事空间核动力技术相关工作的管理者、科技工作者提供有益的启迪和参考，也可以为关注空间核动力技术的爱好者们提供一个独特的视角，相信每一位读者都能从书中找到属于自己的那一处共鸣。

中国工程院院士　中国探月工程总设计师

吴伟仁

2022 年 12 月 28 日

目 录

前　言

　　1953 年 12 月 8 日，美国总统艾森豪威尔通过著名的"和平利用原子能"演讲，向世界提出倡议——在联合国建立一个国际机构以促进和平利用原子能。他的本意为向前推动"一小步"，以独具艺术的方式展示和平利用原子能的可能性。在接下来的几年内，他的"一小步"成长为一系列和平利用原子能的行动，包括建立国际原子能机构、签订原子能和平发展合作双边协议、在国外修建研究堆、召开两次国际和平利用原子能会议、创办核技术专业学校、扩展放射性同位素在医疗和农业及工业上的应用。其中，在 20 世纪 50 年代末期被誉为"世界首个原子能电池"的出现正是这样一项值得注意的和平利用。1959 年 1 月 16 日，"原子能电池"首次在美国总统艾森豪威尔的办公桌上向世人揭开面纱。它的专业名称为"放射性同位素温差发电器 (radioisotope thermoelectric generator，RTG)"，是一种将放射性同位素自然衰变热能直接转换为可用电能的供电装置。该装置由美国原子能委员会 (Atomic Energy Commission，AEC) 通过核辅助电源系统 (Systems for Nuclear Auxiliary Power，SNAP) 计划研发问世。在得知该装置可安装于卫星并为仪器提供充足电能后，艾森豪威尔感到非常满意。

　　即便作为"和平利用原子能"计划的特色之一，RTG 并未能给卫星供电，直至美国进入太空时代。1961 年 6 月 29 日，美国海军发射了首个搭载 RTG 的卫星，而在这之前一个月，美国总统肯尼迪曾承诺要把人类送上月球。该电源装置代号为 SNAP-3A，为海军导航卫星上的仪器供电。尽管原子能委员会对该装置进行了广泛的安全测试，但肯尼迪政府对发射 SNAP-3A 装置仍有一些疑虑。最终，在多方的大量努力下，直到最后一刻肯尼迪才批准了发射任务，该装置才得以按期发射。

尽管作为一个小型、独立的单元，RTG 显然能满足卫星供电需求，但它们实际上只为美国投入地球轨道的众多卫星中的一小部分提供电能。它们总共为六颗海军导航卫星、两颗雨云号气象卫星和两颗通信卫星提供电能。太阳能板则为大多数地球轨道卫星提供了更合适的电源。

然而，登月竞赛和太空探索的迫切需求为 RTG 创造了比卫星任务更加多样化和更具挑战性的应用机遇。由于 RTG 相对皮实、重量轻、结构紧凑、不包含运动部件并且不依赖太阳能，美国国家航空航天局 (National Aeronautics and Space Administration，NASA) 认为应该将 RTG 应用于阳光极少或没有的恶劣环境，为仪器包和探测器提供电力，从而使其得以生存。因此，RTG 的开发是以在漫长的月夜期间为留在月球上的仪器包供电为目的。1969 年 11 月至 1972 年 12 月，宇航员在月球上部署了五个阿波罗月球表面实验包。RTG 不仅在月夜中帮助这些实验包幸存下来，而且还持续供电多年，直至根据地球发出的指令而关闭。

可在恶劣的、没有阳光的环境中供电的能力也促使 NASA 选择 RTG 来为维京号无人火星着陆器以及前往木星、土星及以远的先驱者号和旅行者号太空探测器提供电力。维京号着陆器发回了从另一颗行星 (火星) 表面拍摄的第一张照片，纠正了人们对这颗红色星球的诸多误解。尽管火星被认为是可支持某种生命形式的首选星球，但是维京号在火星上没有发现生命存在的证据。在木星辐射带中幸存下来的先驱者号和旅行者号航天器提供了有关木星、土星及二者卫星的大量数据，这些意想不到的发现震惊了科学家。一夜之间，我们对这些世界的概念从处于永世冻结的行星系统转变为拥有旋转气体云、猛烈风暴、不断变化环系、众多活火山卫星和一个甲烷大气卫星的动态系统。

　　理查德·恩格勒 (Richard Engler) 博士将他的这部作品命名为《太空中的原子能》，带领读者亲临了卫星发射和外太阳系。他将 RTG 技术描述为一种"安静技术"①，并恰如其分地指出，虽然这些发电器只是大型演出中的一小部分，但它们是至关重要的那部分。尽管创造了一种小型的"安静"产品，但 RTG 计划在美国历任管理机构的支持下——首先是 AEC，然后是能源研究与发展管理局，最后是能源部——才得以成长和繁荣，而与其同期的其他涉核空间努力已被废除。恩格勒博士将繁荣与衰落的对比编织到他的故事中，同时通过口述历史生动地捕捉了 RTG 开发者和用户的观点。组织变革以及对安全性时刻保持警惕也是 RTG 计划的鲜明特征，恩格勒博士详细讨论了这些主题。最发人深省的是他从 RTG 计划中吸取的教训。无论 RTG 计划付诸努力的规模如何，从这样一个成功的计划中汲取的经验教训，对任何参与技术开发活动的人来说，都应该是有价值的。

---

　　①　在空间核动力领域，"静默技术"是一种更为学术的、准确的表述。译者考虑到更广泛的读者群体，依然采用"安静技术"这一更贴近生活的、非技术的表述方式。——译者注

 序　言

　　《太空中的原子能》是一部美国空间同位素电源计划的历史，涵盖了从 20 世纪 50 年代中期计划开始到 1982 年的这段时期。本书以非技术性语言讲述了这一段历史，对于一般公众及那些专注于核技术和空间技术的专业技术人员都是阅读友好的。

　　空间同位素电源计划非常成功，为美国的整个太空计划做出了重大贡献。它是太空和核时代显著的技术胜利和大规模组织性努力的一部分，并从计划实施的角度为现代研究和开发所遇到的问题提供了经验教训。现在，是时候记录这段重要历史了，同时还可以找到关键参与者以分享他们的第一手经验。

　　这段历史是在多个层面上讲述的，有：技术层面的发展和成就、与 RTG 技术密切相关的关键机构的重大事件、当时更大的时代背景与环境。编年表 (见附录) 介绍了历史所涵盖时期内这些不同行动路线中的重要事件。参考资料信息来源说明指出了对整个故事有贡献的不同线索资料的主要来源；当然，并没有使用涉密文件。

　　附录中有 RTG 计划的预算，还附上了同位素电源系统空间应用汇总表，内有按时间顺序列出的发射任务和已开发的各种 RTG 的注释。

　　本书在叙述中频繁使用到的首字母缩写如下：

AEC，美国原子能委员会 (Atomic Energy Commission)

NASA，美国国家航空航天局 (National Aeronautics and Space

Administration)

RTG，放射性同位素温差发电器 (radioisotope thermoelectric generator)

SNAP，核辅助电源系统 (Systems for Nuclear Auxiliary Power)

在为空间和地面应用研发的 SNAP 装置系列中，SNAP 奇数编号为 RTG，SNAP 偶数编号为非同位素的核反应堆系统。

全书的章节按照历史和计划的时间顺序安排：

第一章 "引言"概述了这个故事，指出 RTG 计划如何反映空间技术和核技术的融合，并确定主题。

第二章 "开端"涵盖了 20 世纪 50 年代，以 1959 年年初的重要公告为起点，对放射性同位素电源的发现和开发追根溯源。

第三章 "认识潜力"描述了 1960 年和 1961 年的发展，即美国总统从艾森豪威尔过渡到肯尼迪期间，第一批 RTG 被用于空间卫星，并记录了早期的安全问题。

第四章 "AEC 的黄金年代"涵盖了 1962 年至 1965 年期间，当时一小群人密切参与了 RTG 计划；一次机构重组，得以在 AEC 创建空间核系统部；因准备支持阿波罗计划和 NASA 的其他任务，RTG 计划开始飞速发展。

第五章 "月球竞赛的激励"描述了 1966 年至 1970 年期间，当时完成雨云号任务和第一次阿波罗任务发射，RTG 的开发和应用受到 NASA 宏伟的太空探索目标的推动，与此同时，国际和美国国内动荡加剧。

第六章 "一项成熟的计划"描述了 1971 年至 1974 年期间的发展、先驱者号任务和最后一次阿波罗任务，以及 AEC 重大机构重组之前的技术成就。

第七章 "变革中的坚守"通过展现 1975 年至 1982 年的计划执行情况，结束了这一段历史的记述，描述了维京号任务以及林肯实验卫星任务和旅行者号任务，并涵盖了关于 AEC 的主要组织变革。

第八章 "往日教训和未来挑战"介绍了在太空时代空间放射

性同位素电源研发计划历史上的重要教训和对未来的预测。

规划与人力系统公司 (Planning & Human Systems, Inc.) 衷心感谢参与回顾这段历史的人们。虽然，并非所有为该历史贡献了时间的人都能够在此处被提及，但特别感谢核专项办公室的伯纳德·洛克和奥里斯·默多克，他们为本项目提供了最初的推动力，以及能源部历史科的杰克·霍尔和罗杰·安德斯，他们在整个项目中给予了指导并提供了档案资料。参与 RTG 计划的乔治·奥格本是本项目信息获取的宝贵来源，他提供了重要联系人、计划预算和组织实施相关材料。最后，感谢所有那些花时间接受采访的 RTG 计划参与者和技术先驱们，他们的个人回忆对重塑这段历史非常重要，使得捕捉历史细节成为可能。

在此历史记录中发现的任何事实或解释错误均由规划与人力系统公司负责。

理查德·恩格勒博士

规划与人力系统公司

华盛顿特区

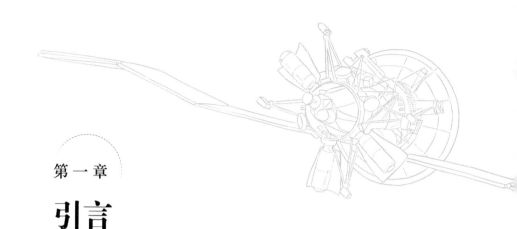

第一章

引言

近几十年来，技术变革急剧加速。今天的新突破几乎立即能通过电视传播给普通公众，并很快在明天就变为稀松平常。在这个飞速发展的时代，没有任何技术发展比空间技术和那些与核能相关的技术发展更受关注。这项为空间任务提供核能的技术，跨越了两个(核与空间)广泛的技术和科学发展领域。

尽管取得了许多瞩目的成绩，但太空时代和核时代都刚刚开始，它们可以追溯到第二次世界大战后。在整个20世纪50年代，两次技术革命获得了驱动力，并且在随后的几十年中，它们让全世界许多人感知到了这些惊人的技术功绩。同时，它们也影响了世界上的其他事件，并反过来受到影响。

1957年苏联人①发射了第一颗人造卫星，引发了美国国内对科学和教育的重新评估。最终，这引发了20世纪60年代的登月竞赛和宇航员尼尔·阿姆斯特朗迈出"人类的一大步"。随后，无人火星着陆任务、土星和木星飞越任务以及其他空间探测打破了旧观

① 原文为 Russians，这里译者根据语境，译为苏联人，下同。——译者注

念，并导致太空科学家修正了理论，同时提供了一种先前几代人从未有过的宇宙观。

在那些年里，核能也出现了戏剧性的发展，尽管在早先的欢呼声平息之后，核能的发展经常伴随着公众的关注。一开始从斯塔格球场 ① 和阿拉莫戈多 ② 试验场，敬畏与不祥的预感混合在一起，和平利用核能的努力一直受到对其无法控制的恐惧的影响。对越来越多的毁灭性炸弹的担忧和对放射性尘埃污染的恐惧促使人们齐心协力限制核试验并试图找到和平利用核能的途径。因此，AEC 作为核武器开发项目的继承者，开始将更多的研发努力投入民用核能技术。根据 AEC 的历史，1966 年"AEC 的预算首次在武器（军用）与和平利用（民用）之间实现平均分配。"[1] 然而，即使是核能的和平应用也将面临一些障碍。

放射性同位素电源计划，作为为太空任务开发 SNAP 的全局计划的一部分，是一系列和平利用核能活动之一。它受益于 AEC 在多年核武器研发过程中产生并拥有可用的大量钚材料。在美国参与太空竞赛的过程中，NASA 部署并实施公众高度关注的任务，极大地促进了空间任务用同位素电源的发展。

然而，空间同位素电源计划一直是一个安静的计划，在某种程度上避开了公众对核能不断发展的担忧，因而几乎没有成为"太空奇观"③的明星。空间同位素电源之所以悄然发展，是因为它确实是一种"安静技术"。例如，它不涉及爆炸放能，也不需要人类干预核反应过程来诱发核裂变或聚变。它是一种类似电池的热能源，来自放射性元素的自然衰变；当应用于空间任务时，该技术远离地球环境。

放射性同位素电源计划的历史基本上是一个成功的故事，尽管

---

① 1942 年，世界上第一个反应堆在美国芝加哥大学的斯塔格球场 (Stagg Field) 首次临界。——译者注

② 1945 年 7 月 16 日，世界上第一枚原子弹在阿拉莫戈多 (Alamogordo) 试验场爆炸。——译者注

③ 太空技术取得的巨大成就。——译者注

它肯定不是一种直线式的成功 ①。虽然，该计划是在美国国防部的推动下由 AEC 发起的，但 20 世纪 50 年代后期作为"和平利用原子能"运动的一部分首次向世界公开——艾森豪威尔向世界展示了一种原子电池，并称赞了它的潜在和平用途。随后，虽然国防部支持了绝大部分放射性同位素电源装置的空间测试应用，但该计划却在民用航天机构 NASA 应用的推动下达到了成功巅峰。

该计划从来就不是一项真正意义上的"大项目"，但的确是一项更大计划的重要组成部分，它扎根于空间-核领域发展因而比其"大哥"② 具有更长的生命力。1961 年春天，随着第一个 RTG 空间任务即将启动，在太空中使用核能的支持者正在规划未来技术的发展，这些技术将使美国人能够实现肯尼迪设定的目标——"到这个 10 年末期，让一个人登上月球"。他们宣称："核火箭将把他带到那里……核电源将让他活在那里。"[2]

这里讲述的故事将展示该预言的第二部分如何通过使用放射性同位素电源实现 ③。它将描述 RTG 计划如何在 20 世纪 70 年代成熟，提供 RTG 产品，并使它们成为遥远行星及以远任务的重要组成部分。本故事将着眼于人为、组织、政治和社会等因素，这些因素对空间同位素电源在其历史上的生存和持续进步产生深远影响。

空间同位素电源计划的历史本质上是一个关于机遇、坚守和关注细节的故事——尤其是在有关它们的安全措施和公众舆论方面。归根结底，空间同位素电源计划在其整个历史中始终由一群人坚守，尽管他们周围的大型机构发生了组织变革，但只要当机会出现时，他们就会准备好在发射台展示他们所相信的技术。

故事从这个太空和原子时代技术的第一缕曙光开始。

---

① 不是一蹴而就的成功，其中充满了波折与挑战。——译者注

② 寓意为"原子弹"或"核武器"。——译者注

③ 核推进和空间核反应堆电源步履蹒跚的发展是这段历史的次要部分。——译者注

参考信息来源

[1] Quoted from Alice L. Buck, *A History of the Atomic Energy Commission* (Washington: U.S. Department of Energy, July 1983), p. 6.

[2] "Special Report on Nuclear Energy in Space," *Nucleonics*, April 1961. (Quotations taken from cover page.)

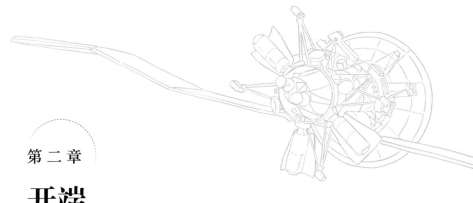

第二章

开端

吉祥的首秀

RTG 计划的公开亮相始于一次吉祥的首秀。1959 年 1 月 16 日，华盛顿特区报纸《晚星》的横幅标题宣布：

总统展示原子发电器 [1]

一张随附的照片显示，艾森豪威尔正在白宫椭圆形办公室的办公桌上查看"世界上第一个原子电池" ①。他在第一次亲眼看到该装置后不久就亲自下令展示该装置。

艾森豪威尔办公桌上的小而轻的装置是 RTG，这是 SNAP 计划中与核反应堆发电技术同期开发的一项技术。RTG 为空间任务做好了准备，可以为空间卫星仪器运行提供必要的辅助电力。在那个历史时刻，向公众展示的 RTG 被 AEC 命名为 SNAP-3。在后来的岁月里，尤其是在登月及星际探测的任务中，RTG 在空间任务取得

---

① 基于温差电原理的世界第一台核电池，发电原理不同于米勒和莫塞莱建造的核电池。——译者注

的丰功伟绩中仅扮演了一个小角色，一直没有出现在头条新闻中，但那一天是它的明星秀。

45

RTG 技术于 1959 年 1 月 16 日的首次公开亮相

正在观看艾森豪威尔办公桌上展示的 SNAP-3 演示装置的是（从左到右）：艾森豪威尔；唐纳德·基恩少将，时任反应堆开发司的飞机反应堆助理主任；约翰·麦康，时任 AEC 主席；杰克·阿姆斯特朗上校，时任反应堆开发司飞机反应堆副助理主任；古弗伦·安德森中校，时任反应堆开发司导弹项目处项目官员。（来源：美国能源部档案馆）

尽管同位素电源装置直到 1959 年 1 月才公开，但一年前 AEC 曾在原子能联合委员会会议之前的听证会上简要讨论过它的发展。听证会聚焦关注于"核能外层空间推进"[①]，但同时 AEC 飞机反应堆处处长杰克·阿姆斯特朗上校也向委员会成员介绍了小型的同位素电源计划。他说，启动该计划是因为有迹象表明，苏联斯普特

---

① 用于外层空间的核能推进技术。——译者注

尼克^①人造卫星使用了传统电池以外的其他电源，为其发射器供电以保持连续的信号通信。着眼于为空军侦察卫星 117L 中的电气设备开发空间核电源，政府启动了反应堆电源和同位素电源的研发工作。随后，在 1958 年的核推进项目拨款中找到了资金，以一种低调、低成本的方式资助同位素电源开发，"以提供极轻、极小的电力源……"[2]

　　就在艾森豪威尔办公桌上的 RTG 电视展播 4 个月前，马里兰州巴尔的摩的马丁公司拿到了一份生产同位素发电器的合同。由明尼苏达矿业和制造公司（简称 3M 公司）开发的一种转换系统，可将放射性同位素钋 -210 衰变产生的热能转换为电能。马丁公司在签订合同后不久，开发了电功率 5 瓦、重量 5 磅^②的实验装置。据报道，阿姆斯特朗称"该模型样机的成本为 15 000 美元，不包括原子材料^③。"他估计用 3000 居里^④钋 -210 作为燃料的成本为 30 000 美元。[3]

　　与艾森豪威尔会面的 AEC 参会人员声称他们的小型发电器没有活动部件，是利用一种称为"热电偶"的方法将放射性同位素衰变热能转换产生电能，在转换效率方面具有"重大突破"。根据阿姆斯特朗的说法，在转换方法取得突破之前，探索同位素电源技术的美国科学家使用由放射源驱动的旋转机械来发电。新发电器通过呈辐射状排布的金属辐条系统实现了可观的转换效率，据称可将输入热能的 8%~10% 转换为输出电能^⑤。每根金属辐条^⑥都与一个可防止放射性钋燃料泄漏的容器接触，钋衰变产生的热能通过呈辐射状排布的辐条传递至外端，产生电能输出。新的 RTG 技术并非旨在用于核动力飞机的推进装置；阿姆斯特朗说，是否立即使用由

---

① 苏联的第一颗人造卫星。——译者注

② 1 磅≈ 0.45 千克。——译者注

③ 放射性同位素燃料。——译者注

④ 1 居里 =3.7×10¹⁰ 贝可。——译者注

⑤ 后来的详细测算将这种转换效率的估计值降低到约 5%。——原文注

⑥ 辐条状的半导体热电偶，类似于自行车轮中的辐条。——译者注

NASA 决定，并补充说，"我们可以根据客户的需要定制产品。"[4]

尽管 NASA 很快成为空间 RTG 的主要用户，但首先将同位素电源技术用于空间卫星的还是美国国防部。国防用途在整个 20 世纪 40 年代和 50 年代主导了核能的发展，随着"震惊世界的广岛和长崎事件"发生，"大"核技术①的发展受到公众的关注。虽然，20世纪 50 年代使用同位素电源的机会与"大"核技术和新的原子时代密切相关，但同位素电源的自身发展历史就可以追溯至几十年前。

安静的核技术

格伦·西博格（诺贝尔化学奖获得者、发现放射性元素的先驱）指出，虽然核电站经常会成为头条新闻并引发有关潜在危险的辩论，但"半个世纪以来，原子在医学、工业、农业和科学领域一直都在'安静'地发挥作用。"[5]放射性同位素和原子辐射自 20 世纪初就用于医学，这标志着原子革命的第一阶段，西博格认为这一阶段已经结束。他描述了这项安静技术：

> "安静"的原子工具多种多样；几乎不依赖于裂变和聚变，而是依赖于原子更微妙的特性，例如它的精确定时、它发射的高速粒子，以及它提供的具象、独特的标签。[6]

在这些安静工具的背后是亨利·贝可勒尔在 1896 年发现的放射性物质。这位法国物理学家在研究某些矿物暴露于光后的磷光现象时，意外地发现铀盐的磷光会影响照相底片。最令人吃惊的是，他观察到铀的磷光特性不取决于事先暴露的光照条件，而是该元素的固有特性。他发现了不稳定元素原子的解体核，打破了经典物理学的假设——将原子视为物质不可拆分的组成部分。[7]

居里夫妇后来使用电学方法来研究放射性现象，这是在发现铀及其化合物使附近的空气成为电导体的基础上建立起来的。他们对元素放射性的研究使他们在 1898 年发现了镭和钋。他们还在镭元素实验中发现了电压差的积累效应。英国物理学家莫塞莱在 1913 年

---

① 核武器。——译者注

使用了这种电压差建造了世界上第一个核电池。莫塞莱的电池由一个内部镀银的空心玻璃球组成，在中间的一根电线上安装了一点镭。带电粒子在从镭释放后快速移动到球体的内表面时产生了电流。[8]

莫塞莱的模型样机一直指导其他建立实验电池的研究工作直到1945 年，即利用放射性元素的出射粒子来发电。[9] 这些装置将放射性同位素出射带电粒子的动能直接转换为电能，而无须首先将粒子动能转换为热能，仅产生非常低的电功率（千分之一瓦量级）。当时既没有将热能转化为电能的转换器，也没有在热电性能方面表现出足够转换效率的材料。最终，RTG 采用的技术路线——将放射性同位素释放的热能直接转化为电能——有一段时间没有人跟进研究。[10] 在讲述最终是如何采用这条路线之前，先描述一下基本核辐射过程，而这将对理解安静的原子工具的本质很有帮助。

同位素是"一种元素的两种或多种不同原子的任何之一①。"[11] 同一元素的同位素在其原子核中具有不同数量的中子，但是它们在其他方面表现出该元素的相同特征。表现出放射性衰变特性的元素的同位素称为放射性同位素。放射性同位素是一种不稳定的元素，它在一种化学元素转化为另一种化学元素的自然过程中产生可用能量。因此，在诸如铀等放射性元素族中，通过衰变向同一族的另一种元素的转变是恒定的、自发的。[12]

放射性同位素具有的这种独特而有价值的特性，是安静的原子技术的基础："它自发地发射……核粒子……它以时间的指数形式衰减，其衰减速率无法被已知的物理定律改变。"[13] 它是一种潜在的可用电能来源；它产生能量的寿命可以根据放射性同位素特定的衰变半衰期来精确计算。

国际对抗和新应用前景

在曼哈顿计划研制原子弹之前，只有极少量的放射性同位素可用。在 1940 年到 1950 年间，由 AEC 赞助的反应堆持续产生大量

---

① 质子数相同而中子数不同的同一元素的不同原子互称为同位素。——译者注

裂变产物，导致放射性同位素和工程师可用的衰变热大幅增加。此外，在 1950 年，处于"婴儿期"的太空计划对小型可靠电源的需求日益明显。[14] 20 世纪 50 年代开始，冷战对抗推动了"安静技术"①与早期太空任务的结合，也决定了原子科学和空间科学的发展。

8

　　美国对核武器的垄断于 1949 年结束，当时苏联爆炸了自己的核装置。美国总统杜鲁门决定在 5 个月内继续研制氢弹。1950 年 6 月，随着朝鲜战争的开始，大国紧张局势达到新高。新的军事需求和氢弹的发展导致 1950 年秋天 AEC 生产设施的大规模扩张。用以生产钚材料的新反应堆设施是这次扩张的主要内容。核武器试验也随之增加，美国第一个实验性热核装置于 1952 年秋天在埃尼威托克引爆成功。在 1950 年至 1953 年期间，AEC 创建了一个几乎完全用于军事目的巨大综合体。[15]

　　冷战期间，当军备竞赛愈演愈烈时，超级大国之间也寻求更尖端的方法来了解彼此的技术进展。监视卫星成为早期太空竞赛的主要手段，放射性同位素具有为这些军用卫星提供电能的潜力。北美航空公司的一项早期研究考虑了用放射性同位素研发空间电源。[16]随后，兰德公司在 1949 年的战略卫星侦察"项目反馈"研究中提交了一份报告，讨论了太空能源可选项，并得出结论，认为放射性电池-汞蒸气系统可提供 500 瓦的电力，最多可供电一年。[17] 项目反馈中这些评估以及对电力需求的日益认可导致 AEC 在 1951 年委托研究基于反应堆或放射性同位素的 1 千瓦空间发电装置。进行这些研究的几家公司建议将同位素用于空间发电。1952 年，兰德公司发布了一份项目反馈总结报告，其中广泛讨论了空间放射性同位素电源技术。[18] 这些使人们对用于空间卫星的同位素电源的兴趣增强。

　　安静技术的一项重大突破发生在 1954 年年初，在俄亥俄州迈阿密斯堡的土墩实验室。正是在这个实验室，在未来几年为下一代同位素装置准备燃料包；科学家们率先设计了一种热电偶，将同位

————————

　　① 放射性同位素电源技术。——译者注

素能量转换为可用的电能。[19] 土墩实验室科学家肯尼斯·乔丹和 9
约翰·博登尝试用衰变的放射性物质作为热源将水煮沸以驱动蒸汽
轮机发电，但遇到了挫折。随后，他们想到了可以应用热电偶原理，
使用电导率明显不同的金属来创建一个热电堆，该热电堆可以收集
和利用放射性物质产生的热能并产生电能①。在完成计算后的几天
内，土墩实验室科学家构建了该技术的模型样机。乔丹和博登已将
基于热电偶原理的发电技术申请专利并获批，至今仍然是所有 RTG
的基础。[20]

一个计划在挑战环境中成形

由于太空侦察的需求被高度重视，核能在当时被认为可用于监
视卫星系统，美国国防部于 1955 年 8 月要求 AEC 开展研究和限制
性实验工作，开发核反应堆辅助电源装置，以用于正在研究的空军
卫星系统。[21] 在同意开发此类辅助的核电源系统时，AEC 表示打
算"探索使用放射性同位素和反应堆作为热源的可能性"。[22] 这就
是后来所谓的"SNAP"计划在 AEC 的诞生。

该计划诞生后不久，其名称就被更换为"SNAP"。在原子能联
合委员会会议之前的 1958 年听证会上，参议员克林顿·安德森问
道："SNAP 计划是否与'风笛手'②计划有关系？"阿姆斯特朗的回
答是"先生，它是'风笛手'计划的新名称"。[23]

上述交流对话发生在某些重大事件之后，而这些重大事件震惊
了美国国防规划者、太空科学家和广大公众。1957 年 10 月，苏联
将第一颗人造卫星送入轨道。同月，《航空周刊》编辑评论道：

　　苏联卫星现在每 24 小时绕地球运行大约 16 次……为苏联 10

---

① 热电转换由德国物理学家塞贝克在 19 世纪初发现。热电偶的塞贝克原理
指出，当两种不同的金属连接成一个闭合电路并且在两个连接处维持不同的温度
时，会产生电流。——原文注

② "风笛手"(Pied Piper)，又译为"魔笛手"，用以指代有感召力的人或事物。
在本文中，"风笛手"是美国空军开发的卫星侦察项目代号。——译者注

的科学成就提供了另一项无可争辩的证据……

我们认为，美国的人民有权了解美国和苏联在这场技术竞赛中的相对位置，这可能是我们这个时代最重要的单一事件。他们有权查明，为什么一个在科学、经济和军事方面拥有巨大优势的国家，正在被另一个国家迎头赶上或许（甚至）被超越，而这个国家在不到 20 年前甚至无法同前者在一个科学赛场上竞技。[24]

在同一期《航空周刊》上一篇文章推测：苏联人造卫星的成功将重新激励洛克希德公司的一项为美国空军开发的名为"风笛手"的卫星侦察项目。该文所提到的项目正是 AEC 负责开发核能作为可能的辅助电源的项目。随后，AEC 迅速地做出了反应。[25]

"风笛手"是先进侦察系统的代号，AEC 正在为其准备核辅助电源装置。由于《航空周刊》的报道使该代号陷入危险，AEC 于 1957 年 10 月 27 日向参与该计划的 AEC 所属的所有外地办事处和承包商发出指示，要求停止使用该代号。非密名称"核辅助电源系统"或"SNAP"成为 AEC 核辅助电源装置研发工作的授权标识。[26]

SNAP 装置的技术工作继续进行，也许是在一种更加紧迫的气氛中——与其说是因为任务需要，不如说是因为苏联人造卫星斯普特尼克所代表的对美国技术能力的挑战。美国陷入了从未有过的自我怀疑和质疑之中。新的机构正在被建立以振兴美国科学，特别是空间科学。在 20 世纪 50 年代掌管了一个充满自信但又充满动荡的时代之后，艾森豪威尔被有关美国在现代技术方面的领先地位明显下降的问题所困扰。

为应对这一担忧，艾森豪威尔于 1957 年 11 月成立了总统科学顾问委员会。詹姆斯·基利安成为总统行政办公室的第一位科学顾问。基利安描述了当时美国努力夺回失去的威望时的气氛：

11

12 月 6 日，搭载一颗 3.5 磅卫星的美国先锋号太空运载器的首次测试在全世界看来是一次耻辱的失败。这种惊人的失败，尤其是在斯普特尼克 II 的成功之后，增加了美国国内的歇斯底里和尴尬，以及国外的嘲笑。在英格兰，新闻界热衷于讽刺先锋号，称其为 Puffnik，Flopnik，Kaputnik 或 Stayputnik①。[27]

然而，在那个月末，基利安为总统准备了一份备忘录，其中包含了由乔治·基斯蒂亚科夫斯基担任主席的科学顾问委员会小组对当前形势的判断。该小组根据斯普特尼克推演出其太空竞争（以及导弹）能力，并判断：其一，"从技术上讲，我们的导弹开发进展令人满意"；其二，虽然美国的太空技术起步较晚，在太空竞赛中落后于苏联，但美国在导弹领域的技术进步实际上是"令人印象深刻的"。[28]

委员会的另一个小组提出了美国太空计划的大纲和管理该计划的组织架构。因此，NASA 于 1958 年 7 月成立，从事民用航空和太空研究。NASA 第一任局长基思·格伦南回忆起艾森豪威尔在要求他承担推动美国在太空科学和技术进步的任务时的低沉语调②：

> 与总统的会面很简短，但非常切中要害。总统清楚地表达了他对制定一个进度合理和能有效推进的计划的关切。回想起来，他并没有表现出对苏联已取得成就的巨大担忧。相反，他很明显地关注美国科技进步的本质和质量。[29]

为了平息公众的担忧，同时为改变美国国防部主要以军事为目的的太空发展战略及部署，艾森豪威尔和他的顾问们为民用主导的太空领域发展制定了路线。1958 年 8 月，艾森豪威尔宣布从当年 10 月 31 日开始暂停核武器试验，以进一步平息国际核军备竞赛。

12

在接受国防部指派的空间核任务后不久，AEC 开始与两家私营企业并行开展核电源研发工作：奇数号 SNAP 项目研发放射性同位素电源系统，由马丁公司依照合同牵头；偶数号 SNAP 项目研发反应堆电源系统，由北美航空公司原子国际部依照合同开展。

---

① Puffnik，Flopnik，Kaputnik 和 Stayputnik 这四个词均为对斯普特尼克 (Sputnik) 的戏仿称呼，其前缀的意思分别为：吹牛的、失败的、出故障的和不动的。——译者注

② 也可以理解为压抑的、沉重的语气。——译者注

马丁·巴尔的摩公司核部门在早期的 SNAP-1 项目中通过努力取得了进展——利用铈 -144 的衰变热加热液态汞，使之沸腾以驱动小型涡轮机发电。沿着这种研发思路，马丁公司还让分包商研发无旋转装置的发电机，也避免了在航天器中引入陀螺仪。1958 年，西屋电气公司和 3M 公司开始研发两个热电转换演示装置，同时 AEC 与其他公司签订合同探索并研发热离子转换演示装置 ①。

开发无旋转装置 (旋转装置已应用于 SNAP-1) 的先进能量转换技术的项目被命名为 SNAP-3。该项目很快就出了成果：1958 年 12 月，3M 公司向马丁公司交付了一台可运行的温差发电器。使用钋 -210 燃料 (由土墩实验室封装)，马丁公司快速完成了发电器的组装和测试，作为原理验证装置交付给 AEC。该装置在钋 -210 燃料额定装料量一半的条件下输出 2.5 瓦电能。因此，AEC 根据手头现有能力 ②评估，认为具备生产可持续 1 年输出 120 瓦的发电装置的能力。[30]

"和平利用原子能" 的回响

1959 年 1 月，艾森豪威尔展示了 "安静技术" 的这一突破性成果，他渴望与美国公众和全世界分享这一成功故事。RTG 原理验证装置的首次亮相给人一种平静和沉着的感觉。围绕艾森豪威尔总统办公桌举行的活动强调了这项技术的 "和平用途"。艾森豪威尔展示该装置的热切愿望公开印证了这一目的，同时向当时羽翼未丰的民用航天机构 NASA 提供机会并提出挑战——开发与该装置的能力相适应的潜在任务。RTG 以一种小包裹的形态出现，它让人们感受不到危害和威胁。

13

也许艾森豪威尔看到了一个机会，可以利用反映美国技术能力的这个案例来宣传太空研究的和平主题，就像他试图缓和近 10 年

---

① 热离子转换是利用热能加热热表面使电子沸腾并将它们收集在冷表面以转换为电能输出。——原文注

② 手头现有能力包括：放射性同位素燃料量、设施可操作量、安全限制规定、装置设计基线等。——译者注

的核军备竞赛一样。艾森豪威尔在他的第一届政府早期就试图将世界的注意力从核对抗转向和平利用原子能。他在联合国的"和平利用原子能"演讲是在他上任的第一年发表的。不久之后的《原子能法案》使美国私营企业开发核电成为可能。在艾森豪威尔总统的第一任期结束时，AEC 制造了大量可用于美国和国外反应堆电站的铀 -235①。艾森豪威尔在担任总统期间表现出极大的决心，要使核科学技术远离国际对抗和技术优势竞赛。在一场新的国际竞赛到来之际——这项安静的核技术不是此类竞赛的强大助推器，而是在太空探险中维持人类生存和机器运转的工具，无论这些探险的目的是什么。一场竞赛的激励最终将为"安静技术"的应用提供最大的机会。

参考信息来源

[1] Headline, "President Shows Atom Generator," *The Evening Star*, (Washington, D.C), January 16, 1959, p. 1. (From DOE archives.)

[2] Statement of Col. Jack Armstrong in *Hearings Before Subcommittee of the Joint Committee on Atomic Energy Congress of the United States, Eighty-Fifth Congress Second Session on Outer Space Propulsion by Nuclear Energy*, January 22, 23, and February 6, 1958 (quotation, p. 125.)

[3] "First Atom Battery Developed by U.S.," *The Washington Post*, January 17, 1959, p. 1. (From DOE archives.)

[4] "5-Lb. Device Hailed as Big Breakthrough," T*he Evening* Star (Washington, D.C), January 16, 1959, p. 1.

[5] Glenn T. Seaborg and William R. Corliss, *Man and Atom* (New York: E. P. Dutton and Company, Inc., 1971), p. 86.

[6] *Ibid*

[7] Becquerel's experiments taken from "Radioactivity," *Collier's Encyclopedia* (1982), Vol. 19, p. 604.

---

① 橡树岭国家实验室的放射性同位素的年销量从艾森豪威尔上任之初的 5389 居里增加到他第二个任期第一年的近 150 000 居里。[31]——原文注

[8] Curies' discoveries and the nuclear battery of Moseley taken from *ibid.*, pp. 604-605, and from Seaborg, op. cit., p. 87.

[9] See William R. Corliss and Douglas G. Harvey, R*adioisotopic Power Generation* (Englewood Cliffs, N.J.: Prentice-Hall, Inc., 1964), p. 10.

[10] Descriptions taken from *ibid*, p. 8 and from Seaborg, op. cit, p. 87.

[11] "Isotope," *Collier's Encyclopedia* (1982), Vol. 13, p. 320.

[12] "Radioactivity," (*Collier's⋯*), op. cit, pp. 604-607.

[13] From Corliss and Harvey, op. cit., p. 3.

[14] *Ibid,* p. 10.

[15] Chronology of world events and information on AEC expansion is from Buck, op. cit, pp. 1-2.

[16] Study cited in Corliss and Harvey, op. cit, p. 10.

[17] Study (*RAND Report,* February 1949) cited in *ibid.*

[18] Corliss and Harvey, op. cit, pp. 10-11.

[19] SNAP *Nuclear Generator* Press Kit (Washington: Atomic Energy Commission, June 26, 1961), "Attachment 2: SNAP Fact Sheet," note, p. 2. (From DOE archives.)

[20] *RTG A Source of Power: A History of the Radioisotopic Thermoelectric Generators Fueled at Mound* (by Carol Craig, Mound Public Relations, Miamisburg, Ohio, 1983).

[21] Letter from Assistant Secretary of Defense to Chairman Atomic Energy Commission, August 15, 1955. (From DOE archives.)

[22] From SNAP⋯ Press Kit, op. cit, "Attachment 4: History of⋯ SNAP Program⋯," pp. 1-2. (From DOE archives.)

[23] Cited in T*he Pied Piper—A Historical Overview of the U.S. Space Power Reactor Program* (by George P. Dix and Susan S. Voss), paper presented at the First Symposium on Space Nuclear Power Systems, Albuquerque, New Mexico, January 11, 1984, p. 1.

[24] "Sputnik in the Sky" (by Robert Hotz), *Aviation Week & Space Technology,* October 14, 1957, p. 21.

[25] "USAF Pushes Pied Piper Space Vehicle," *Aviation Week & Space Technology,* October 14, 1957, p. 26.

[26] "Memorandum For the Chairman, Subject Chairman's Request For Information on Pied Piper Change of Name," from Director Division of Reactor Development AEC, February 24, 1958. (From DOE archives.)

[27] James R. Killian, *Sputnik, Scientists and Eisenhower* (Cambridge & London: The MIT Press, 1977), p. 119. (Emphasis in original.)

[28] *Ibid*, pp. 144-145.

[29] Quoted in *ibid.*, p. 140 (from a private memoir written by Dr. Keith Glennan).

[30] Description of SNAP-1 and SNAP-3 concepts and developments taken from *SNAP. . . Press Kit,* op. cit., ("Attachment 4, History⋯," pp. 2-3). (From DOE archives.)

[31] Information on radioisotope sales from *Twenty-third Semiannual Report of the U.S. Atomic Energy Commission* (Washington: U.S. Government Printing Office, January 1958), p. 158.

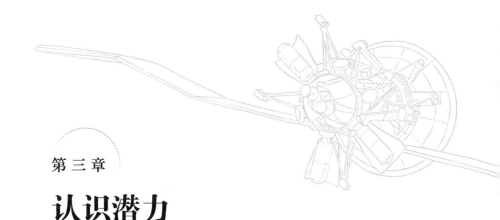

第三章
认识潜力

过渡时期：1960—1961

在艾森豪威尔任职总统的 8 年中，他努力表现出对未来保持冷静和充满信心的态度，但是事与愿违。在他的第一个任期之初，由于认识到朝鲜战争是通过谈判解决的而不是通过明确的军事胜利结束的，美国的先天优越感被削弱了。在他第二个任期的 9 个月后，苏联的人造卫星斯普特尼克Ⅰ号成功入轨致使这种优越感觉更加地动山摇。那时，艾森豪威尔已经启动了恢复科学、技术和组织能力的计划。例如，1955 年，他批准了美国卫星发射计划，作为美国参与国际地球物理年的一部分。苏联人造卫星发射后，人们对这些成就的政治意义有了更深的了解。[1] 因而，现有计划得到加速，新计划得以启动。艾森豪威尔看到了追赶和超越这些成就的必要性。他还认为有必要防止美国对这一太空挑战的反应被其他国家视为仅限于服务军事需求和目标。[2] 为了避免形成这种理解，从一开始，他在为 NASA 制订计划时，将重点放在追求和平的、民用的科学目标。

NASA 管理者、后来成为该机构历史学家的荷马·纽厄尔写下了帮助塑造 NASA 使命的背景环境：

> 大多数最终决策者很快就相信，证明美国在太空领域处于领导地位的最有效方式是公开展示成就。此外，在军事保密的情况下实施太空计划很可能会被其他国家视为不祥征兆，即对世界和平构成潜在威胁……因此，公开地、非涉密地、坦荡地、和平地实施美国太空计划显得很重要，这些计划是为了使世界人民受益而不是受害。[3]

NASA 的理念与艾森豪威尔对国家军事工业综合体能力的预期一致。他"不打算通过在五角大楼的职责框架中增设另一个非常大且昂贵的企业来促进进一步的增长 ①"。[4]

在 1958 年通过的美国国家航空航天局法案中，国会并没有具体规定新的民用航天局的太空计划内容。法案章程仅为 NASA 与其他机构之间协调与合作提供了框架。纽厄尔表示，在 NASA 第一任管理者的领导下，新机构大力推进民用空间科学计划，设定了"强劲且有节奏的推进步伐"。起初，对承诺的月球科学计划的推进步伐很慢，"格伦南②有一段时间不愿讨论行星际任务，除非是那些为了更遥远的未来的任务计划。"[5]

在国家太空计划的核领域方面，在 1960 年这个过渡年，安全问题和组织需求方面的重要问题得到了有力的解决。

1959 年 11 月，AEC 成立了一个航天核安全委员会，"以分析和预测空间核装置对世界人民健康可能造成的影响，并就美国倡议的核动力空间装置应用的安全操作标准提出建议"。[6] 1960 年 5 月，格伦南和 AEC 主席约翰·麦肯评估了太空任务中使用核装置的安全问题以及潜在收益。在那个刚萌发的机遇期，格伦南写道：

> 关于在航天器中使用核源发电，我们认为对于某些任务，使用核组件可能是满足任务要求的唯一途径。然而，这里仍然

15

---

① 空间技术的进步和成就。——译者注

② NASA 第一任局长。——译者注

存在相当大的问题，即所涉及的危害的可接受性如何。对地球
表面人员和设备的危害、载人航天飞行中的辐射问题、对航天
器实验测量的干扰以及对地外物体①的放射性污染等，这些都
是使用核系统后所带来的一定程度的影响。[7]

16　　　格伦南建议 AEC 开始定义在太空任务中安全使用核辅助电源系统的条件，并提出必须提供的保障措施。他向麦肯保证，NASA 愿意在这些问题上与原子能机构密切合作。[8]

　　1960 年 8 月，这两个机构正式确定了在空间核领域各个方面更有效的合作的安排。一份"AEC 与 NASA 之间的合作备忘录"确认"哈罗德·芬格先生将担任 AEC-NASA 联合项目办公室的经理，米尔顿·克莱恩先生将担任副经理。"[9] 新的 AEC-NASA 核推进联合办公室同时向 AEC 反应堆开发司司长和 NASA 运载火箭项目主任汇报。作为联合办公室经理，哈罗德·芬格同时兼任两个职务：领导核推进联合办公室且保留 NASA 空间动力办公室的领导权。因此，哈罗德·芬格承担了将 AEC 开发的 RTG 集成到任何 NASA 任务中的责任。

　　早期的安全问题探讨，以及在组织层面将 AEC 和 NASA 联合起来在空间核领域开展合作的努力，都对核辅助电源的未来发展和安静的空间核技术的进步产生了持久的影响。随着寻求机会证明同位素技术在太空中的用处和价值，安全问题的探讨孕育了处理和预测安全问题的新组织机制。与此同时，新的 AEC-NASA 联合办公室既推动了核推进技术发展，又为 SNAP 计划与 NASA 项目融合铺平了道路。最终，NASA 任务在使用 RTG 作为空间电源方面处于领先地位。

　　被命名为"漫游者计划"的核推进研发工作现在由新的 AEC-NASA 联合办公室单独管理。SNAP 计划继续由 AEC 主导并由该机构反应堆开发司负责具体实施。当 AEC-国防部的飞行器核推

―――――――――

　　① 考虑到人类的核活动（例如使用 RTG）对地球以外物体的放射性污染。——译者注

进办公室解散时，其主任阿姆斯特朗成为 AEC 反应堆开发司司长的助理。安德森中校（前 AEC-国防部的飞行器核推进办公室的SNAP 项目官员）成为新部门①SNAP 处的负责人。

在太空竞赛的势头增强之前，SNAP 计划，尤其是其中的"安静技术"，正在发展自己的实力。在艾森豪威尔政府结束时，放射性同位素电源正处于其首次任务应用之际。RTG 技术已准备就绪。它的支持者正在寻找使用它的机会。在国会山，在原子能联合委员会听证会上，"漫游者计划"受到了质疑。委员会成员敦促制定一个在太空测试核推进技术的飞行时间表。

原子能联合委员会还对 SNAP 计划及其具有为昂贵的卫星系统提供持久电能的潜力表现出兴趣。1961 年年初，在关于"原子能工业的发展、增长和现状"的听证会上，原子能联合委员会主席霍利菲尔德告诉 AEC 官员，一些委员会成员认为 SNAP 计划如果能提供更长的持续性能②，或许需要持续一年或两年，则有望从耗资数亿美元的卫星中获得回报。当被霍利菲尔德问到是否对 SNAP 计划的进展路线感到满意时，反应堆开发司司长弗兰克·皮特曼回答说："就 SNAP 计划的技术方面而言，它……进展良好，对此我很满意。"然而，当被问及有关进展是否已达到用户机构制定的要求时，皮特曼回答说，迄今仅针对特定的偶数（反应堆）SNAP 系统制定了此类要求。他说："我们已对 SNAP-2，SNAP-10 和 SNAP-8 制定了要求，并对测试工作有明确的时间要求。"[10]

潜力和预防措施

SNAP-3 于 1959 年向艾森豪威尔展示，后来被称为"在役SNAP 装置的推销员"。[11] SNAP 的第一台原理验证样机作为美国"和平利用原子能"展览的一部分在几个外国首都展出。参加展览及其相关研讨会的研究者和学生的反应非常积极，尽管有关安全的问题

---

① 新部门应该指"AEC 反应堆开发司"。——译者注

② 长寿命的电能供给。——译者注

被不时地提及。[12]

在美国，在艾森豪威尔椭圆形办公室的演示之后，公众首先表达了关注。当时马丁公司同位素电源计划安全负责人是乔治·迪克斯，后来他在 AEC 的哈罗德·芬格领导下负责整个太空核安全计划，据他说，核评论家拉尔夫·拉普曾抱怨地指出——总统的办公桌上放置了一个高度致命的物品。RTG 工程师对有关安全的顾虑进行了迅速响应，并在几天内完成了一项安全评估，这显然令拉普感到满意。该报告涵盖了有关 RTG 安全的处置程序和所有其他安全相关事项，此后一直伴随 SNAP-3 赴外国首都参加展出。

迪克斯还指出，正是艾森豪威尔敦促尽快在太空卫星中使用这项新技术的。根据迪克斯的说法："这次成功的演示是在我们的先锋号①坠毁于发射台时出现的。艾克②说，'让我们把这个东西送上太空。[苏联人]在其他事情上击败我们，让我们在能源方面击败他们。'"[14]

1960 年间，一些技术期刊持续以太空中的核辅助电源为报道案例，但它们也对安全因素持保留态度。[15] 尽管总统很热情，但RTG 第一次飞行仍然发生在白宫演示两年半之后。《核子学》总结了当时社会普遍的态度："同位素电源已准备好用于太空，但谨慎的态度推迟了它的使用计划。"该杂志描述了马丁公司针对 SNAP-3 的全面安全计划，并指出"装置的设计使它们③在离开地球大气层之前任何中止发射的情况下保持密封状态，但是……在再入大气层时分解④成如同分子大小的颗粒。"按照描述这些粒子如此之小，以至于它们"将留在高空大气层中，直到其所含的放射性物质衰变至可忽略的水平。"[16]

---

① 美国先锋号太空运载器。——译者注

② 艾森豪威尔的昵称。——译者注

③ 尤其特指放射性同位素燃料。——译者注

④ 再入大气层过程中，放射性同位素燃料经历高温烧蚀和高速运动后分解为颗粒，弥散至大气层。——译者注

尽管 AEC 和 NASA 制定了全面详尽的安全计划，但国防部继续偏爱太阳能而不是同位素能源，因为前者没有辐射问题。由于蓄电池泄漏导致的一系列太阳能设备故障，迫使人们重新考虑这项技术政策。当工业界正致力于完善太阳能电池时，一项基于同位素能源的新需求被人们所关注。据国防部高级研究项目机构的一位匿名人士的消息，他指出，RTG 可能有"用武之地，特别是在没有阳光的任务中。"[17]

AEC 的方法是直面安全问题，采取措施，系统地开展安全审查和梳理安全流程，在此基础上制定标准，确保根据标准执行时没有明显的犯错余地。这些标准是 1960 年 6 月在 AEC 航天核安全委员会为期 3 天的会议上制定的[18]，并在 1960 年 9 月提交给 AEC 主席麦肯的报告中详细说明。根据该报告，安全使用放射性同位素电源装置的标准规定如下：

(1) 在发射中止的情况下，放射性同位素燃料应被密封，并且燃料舱不会造成危害。

(2) 在未能到达轨道的情况下上述要求也应成立，此外，燃料舱应落入广阔的海洋区域。

(3) 如果未能进入稳定的轨道，或者在任何计划的时间内从已成功进入的轨道再入大气层，燃料舱及其内容物应燃烧并耗散在高层大气中。[19]

委员会援引已经得到的测试结果，表示正在策划一项明确的计划以开展进一步测试。该计划的第一步是将发射舱放置在从卡纳维拉尔角发射的阿特拉斯试验运载工具上。[20]

1960 年年底，航天核安全委员会主席、美国空军中校，小约瑟夫·康纳宣布了 AEC 对空间核计划的安全立场。他在原子工业论坛上发表讲话说，SNAP 同位素装置和反应堆装置已经过全面测试，发现这些装置以不小于 24 000 英尺①/秒的速度再入大气层时，能够烧毁并耗散至高层大气，所需要燃烧时间为 300 秒或更长。康

---

① 1 英尺 =0.3048 米。——译者注

纳总结说："核动力装置的使用足以满足预计到 1980 年发展的所有空间应用需求，仅会释放一小部分放射性物质，而这部分放射性物质是联邦辐射委员会认为普通民众可以接受的"。[21]

巩固空间核技术加速发展的基础

肯尼迪任总统之初就在国际舞台上对原子能使用及其控制的新方法提出了敏锐的看法。时任加州大学伯克利分校校长格伦·西博格回忆说，1961 年 1 月 9 日，当选总统的肯尼迪打电话要求他接受 AEC 主席一职时，他正在该校的辐射实验室。接受该职位后，西博格发现自己"陷入了一种新的化学反应，即国内和国际事件的化学反应。"[22]

西博格发现肯尼迪总统想要一位科学家担任 AEC 主席，尽管他想要一位民主党人来担任该职位，但他对那些被提名担任该机构其他高级职位的人选的党派属性不感兴趣。"我觉得我担任主席一职是无党派的，"西博格说，同时他又补充说道，他很清楚，在核问题上，新总统最希望动员科学界并让其成员参与即将做出的关于原子能的关键决策。[23]

AEC 在西博格领导下大力推进同位素电源计划。在他进入政府部门前的职业生涯中，他参与发现了钚元素和许多超铀元素。他是某些同位素的共同发现者，例如钚 -239 和铀 -233。作为 AEC 主席，他及时了解同位素电源技术发展情况，并在该机构任职后就马上听取 RTG 计划进展汇报。[24]

同期，与西博格一起，另一个对正在发展的空间-核伙伴关系至关重要的人是詹姆斯·韦伯，他被肯尼迪政府任命领导 NASA，因为 NASA 正在踏入太空时代之门。韦伯曾在华盛顿担任过几个重要的行政职务。在杜鲁门早期，他曾担任财政部长的执行助理，并在 AEC 成立时担任预算局局长。1952 年任副国务卿。韦伯以其在行政管理方面的专业知识而著称，他将 NASA 面临的新领域视为在空间科学和管理科学上研究与发展的冒险尝试。[25]

当经历这次冒险尝试后，韦伯从 NASA 的经历中得了第一个教训，即认识到"政治因素对纯粹科研项目的影响作用"。他观察到

> 如果 NASA 项目经理、科学家、工程师和顶层官员没有从政治角度考虑他们的工作，如果他们没有开展工作以获得 NASA 以外其他部门的支持，如国会、预算局、科学界等，那么阿波罗计划无法实现其目标。①
>
> 与其他职责相比，政治关系并不会重要到附加到部门经理或项目官员的工作中，但这一关系是他们②工作的一个组成部分，正如私人关系一样。如果该系统③要正常运行，对整体环境的敏感性是领导职责的重要组成部分。[26]

第二个基本教训是认识到"能够适应持续变化的重要性"。韦伯发现，这一点通过 NASA 执行秘书处④的反馈机制得以实现。该机制为高级管理层提供可靠的信息，在总部和分支办事处之间为官员们提供系统的交流机会。除了让高级管理层掌握最重要的事情之外，执行秘书处还努力确保信息流向其他层级，以便使所有 NASA 员工能够更清楚地掌握他们在完成既定任务中的具体角色。[27]

韦伯和西博格在接受肯尼迪政府的任命之前并不是亲密的伙伴。西博格在抵达华盛顿后的第一个星期天会见了韦伯，并回忆说两人"从一开始就一拍即合"。[28] 他们的工作关系得到加强，因为他们通过跨机构联合项目共同经历了许多国会山听证会和执行处预算会议。

韦伯回忆说，他在 NASA 任职后不久，军方就出现了紧迫的问题，需要立即解决。五角大楼并没有完全放弃成为太空计划牵头机构的愿望。它将新总统的就职视为可能将太空工作从 NASA 转

---

① 译者认为，原文中该段与下一段应为一个整段，但原文中似乎刻意删除了其中的一句。——译者注

② NASA 项目经理、科学家、工程师和顶层官员等。——译者注

③ 计划、项目涉及的利益相关方被视为一个有机耦合的系统。——译者注

④ NASA 执行秘书处由局长韦伯、副局长休·德赖登和副局长小罗伯特·希曼斯组成。——原文注

移到空军的一个机会。然而，国防部部长麦克纳马拉认为 NASA 应该保留太空计划，全国各地的主要科学家都支持这种民用主导项目。麦克纳马拉的立场与《太空法案》授权的 NASA 职责是一致的，即与大学和公司建立广泛的关系并开展重大合作，以发展国家及其机构的科学、技术和管理能力。NASA 还被授权与其他国家分享这项合作工作的成果，因而希望太空计划尽可能公开和非涉密。韦伯后来解释说，他希望能够"对合作的八十个国家的媒体、科学家和工程师说，'来吧，带上你的相机。'"[30]

　　NASA"开放"的行事方法会导致 AEC-NASA 关系出现一些问题，因为这两个机构的使命和传统有很大的不同。但这两个机构的领导人 ① 为双方合作打下了坚实基础。一旦肯尼迪宣布了他那具有挑战性的太空目标，就极大地增加了这种合作需求。

　　肯尼迪就任总统 4 个月后，他提出了到 1970 年实现载人登月这一惊人而激动人心的目标。西博格回忆说，1961 年 5 月 25 日，他应特别邀请出席活动 [31]，肯尼迪在一份给国会的特别致辞中宣布：

22

> 现在是迈出更大步伐的时候了——是时候创建一项伟大的新美国事业——是时候让这个国家在太空领域中发挥显著的领导作用了，……我相信这个国家应该致力于实现这一目标，在这 10 年结束之前，让一个人成功登陆月球并将他安全带回地球。[32]

　　韦伯完全明白将人送上月球的"竞赛"的重要性，他乐意接受肯尼迪提出这一概念。"这意味着我们有一个目标。我一直在提醒国会，我们致力于将人类送上月球，并在这一成就中展示我们的技术能力。'载人登月'将证明我们的能力已得到全面发展。如果我们可以用技术将人类送上月球并返回，那么我们能够做任何事情。"然而，随着 NASA 的计划和预算迅速增长，有时肯尼迪会质疑 NASA 进行的全部活动对实现登月是否有必要。"我告诉他，我们必须把大学和其他机构凝聚在一起，推动全面发展的概念，"韦

---

　　① 指西博格和韦伯。——译者注

伯回忆道。[33] NASA 的一项任务是协调众多大学和其他机构以实现共同努力，它们的共同目标是在短短几年内将近数百年的梦想变为现实。

在登月竞赛的第一年，这项"安静技术"获得了进入太空的机会。它的支持者已迫不及待，但他们也正在明白——国内和国际事件的化学反应在整体环境中与技术相结合的重要性。

太空中的首次成功

RTG 在太空中的首次成功使用发生在海军卫星项目中。海军的子午仪项目已经进行了一段时间。它是一个在轨导航卫星系统，可以在任何天气条件下为船舶和飞机提供准确的视野。这项工作于 1957 年在约翰霍普金斯大学的应用物理实验室启动。正如该实验室的约翰·达索拉斯回忆的那样，子午仪项目开发人员与 AEC 的同位素电源研发人员 (以及他们的承包商马丁公司) 之间的第一次联系几乎是偶然发生的。

"自从启动子午仪项目以来，我一直在研究使用同位素电源的可能性。子午仪号卫星的服役寿命为 5 年，但我们不相信电池[①]的气体密封性能够保持 5 年。那时，我还根本不知道 SNAP 计划。"[34]

1958 年，国防部在加利福尼亚州帕萨迪纳主办了一次关于太空 (卫星) 电源的大型会议。达索拉斯出席了会议，但没有与任何核能人士会面，直到在回程的航班上，他发现自己坐在安德森旁边，那时安德森在 AEC-国防部联合办公室负责 SNAP 同位素电源工作。达索拉斯表达了对在子午仪项目使用同位素电源的兴趣。作为回应，安德森邀请他参观马丁·巴尔的摩公司的设施并了解那里的 SNAP 相关工作。[35]

访问后，达索拉斯返回应用物理实验室，请求并获得了在子午仪项目上使用 SNAP 同位素装置的许可。然而，由于 AEC 的限制导致无法使用钚燃料 (钚 -238)，并且所需辐射屏蔽体过重，所以

---

① 指传统化学电池。——译者注

应用物理实验室也拒绝使用锶燃料（锶-90）。最终，AEC放宽了政策并同意提供钋燃料。因此，SNAP-3A的放射性同位素燃料从钋-210转换为钋-238，电源使用寿命为5年的目标得以实现。[36]

应国防部的要求，AEC于1961年2月启动了一项开发计划——"为6月和7月发射的子午仪号卫星提供两台钋-238同位素发电器"。AEC从超越子午仪任务本身的视角出发，认为"飞行测试的主要目的是演示SNAP……发电器在实际空间条件下的性能。"[37]

SNAP装置在子午仪号卫星上的安全使用测试已于上一年秋天完成。但是到了第二年春天，"安全"仍然是一个关键问题，尽管应用物理实验室的子午仪项目人员和AEC的RTG项目人员以及马丁公司都希望有机会让RTG发射升空。按计划运载火箭从卡纳维拉尔角发射的轨道将穿越古巴和南美洲上空。由于担心猪湾事件 ① 发生后古巴可能会对飞越事件做出反应，这让那些建议谨慎行事的人更加不安。

24　　3月，马丁公司完成了用于子午仪号卫星的同位素电源的全面安全分析，重点关注发射或再入失败可能导致的潜在危险。马丁公司总结说："如果RTG是按照运载火箭预计的弹道发射，那么它不会产生重大的辐射危害。"[38]

4月，在阿伯丁试验场对花岗岩进行了冲击测试 ②，以评估在燃料芯坠毁着陆时是否能保持对同位素的密封性。[39] 同月，许可与监管司准备了一份危害分析报告。[40] 在这个月晚些时候，海军、空军、国防部和AEC人员参加了一次联席会议，讨论了这份报告和马丁公司提交的最终安全报告，会上就各个机构的职责达成了一致。[41] 5月，西博格和他的同事们付出了巨大的努力，以确保SNAP-3A能够获得发射许可。AEC代理主席约翰·格雷厄姆专员

---

① "猪湾事件"是1961年4月17日，在美国中央情报局的协助下逃亡美国的古巴人在古巴西南海岸猪湾，向菲德尔·卡斯特罗领导的古巴革命政府发动的一次失败的入侵。——译者注

② 以花岗岩为典型撞击对象（替代地面撞击），测试同位素燃料舱的抗冲击性，以及撞击后燃料舱的密封性。——译者注

写信给麦克纳马拉，寻求他的支持，并敦促他在国务院向切斯特·鲍尔斯说情，后者曾对子午仪号卫星飞越古巴和南美上空的问题表示担忧。[42]

5 月 6 日，西博格在向总统提交的双周报告中宣布，AEC 已批准 SNAP-3 装置用于即将发射的子午仪号卫星。他的报告敦促太空委员会和总统批准这些任务，并引用了关于危害的研究结果——"对公众的任何危害都是极不可能的"。西博格告诉总统："我提请您注意这一点，因为核辅助电源在太空中的首次应用可能会产生广泛的公众影响。"然后，他概述了 AEC 和国防部联合提交的拟定计划，并提出将该计划的建议实施方案交由太空委员会审查。他说，如果这不可行，可以安排会议，他本人将与麦克纳马拉部长、腊斯克部长会面。西博格总结道："可能有必要将此事直接向您汇报，以获得您的批准。"[43]

尽管西博格做出了努力，但国家航空航天委员会否决了在即将发射的子午仪号卫星上演示 SNAP-3 的计划，主要是因为国务院持反对意见。然而，国防部向西博格保证，预计"在 6 月份既定发射的子午仪号卫星之后，会将 SNAP 装置纳入下一次的子午仪卫星发射任务。"[44]

记者很快了解到政府高层对太空放射性物质的担忧。1961 年 5 月 16 日，《纽约时报》指出，"谨慎的官员"与科学家在核装置的使用问题上发生了分歧，"政府面临的问题……与其说是技术决策，不如说是外交、政治和心理因素考虑。"[45] 5 月 19 日，《纽约时报》更具体地阐述了某些美国政府机构的疑虑——一篇文章指出高层的担忧显而易见。虽然官员们认为运载工具是安全的，但担忧持续升级，尤其是在国务院，"如果发射失败，这颗卫星及其放射性包裹可能会落在古巴或其他某些拉丁美洲国家"，这将引发国际事件。即使是成功的发射也可能导致拉丁美洲国家"对放射性物质飞越其领土而感到愤怒"。[46]

6 月初，RTG 支持者的希望再次高涨。在整个月中，直到子午仪 4A 号发射，希望时起时落。6 月 8 日，西博格报告说，他希望

25

太空委员会改变之前的决定，但他认为要实现逆转并不乐观。[47]
然而，到 6 月 23 日，当国防部的吉尔帕特里克告诉 AEC，国防部
正在做最后一次尝试，让国务院同意在计划 6 月 27 日发射的子午
仪 4A 号上使用 SNAP-3 装置，因此希望再次出现。终于在 23 日，
来自吉尔帕特里克的消息确认收到批准。[48]

　　在工作层面上，人们对这一切是如何产生的看法各不相同。
AEC 的罗伯特·卡彭特认为西博格要求原子能联合委员会与太空委
员会进行调解。达索拉斯认为，之所以能获得批准，是因为西博格
在 6 月的一个晚上与肯尼迪共进晚餐，并说服他批准了这项任务。
所有人都同意，由于小型 RTG 团队必须想方设法将他们的装置按
时安装在位于卡纳维拉尔角的运载工具上，以便按计划发射，因此
订货交付时间非常短，情况非常紧张。[49]

　　根据达索拉斯的说法，一个装料的 SNAP-3A 装置已经在 6 月
的某个时候被运到了卡纳维拉尔角，当时由于担心它可能未经批准
就发射，因此高层下达了一条命令："把那个东西送回华盛顿并存
放在马丁公司。"收到最后一刻批准后，这个小团队匆忙地工作以
赶上最后期限。"我们团队有一名海军陆战队的飞行员。他借了一
架小飞机，这样他和卡彭特就可以把那台 RTG 从安德鲁斯 ① 运送到
卡纳维拉尔角，"达索拉斯回忆道 ②。卡彭特从马丁公司拿到该装置，
然后将其保存在位于马里兰州劳雷尔的应用物理实验室过夜。"我
们决定让他驾驶他的私家车把装置运到应用物理实验室。我在大厅
与他会合，我们把装置放在一个两边房间都空的实验室里。"警卫
们都被告知该做什么以及如何处理安全和安保问题。第二天晚上，
卡彭特和那位飞行员将发电器空运至佛罗里达州过夜。[50] 最终，
在 1961 年 6 月 29 日，即发射任务推迟 24 小时后，雷神-艾布尔 ③

26

---

　　① 华盛顿郊外的安德鲁斯 (联合) 空军基地。——译者注

　　② 卡彭特和达索拉斯都回忆说，该设备于周六飞往佛罗里达州，预计将在周
日晚上发射，但官方记录显示，发射发生在 1961 年 6 月 29 日星期四。——原文注

　　③ 原文为 Thor-Able。——译者注

火箭同时发射了三颗卫星——其中包括 RTG 在太空中的首次在轨运行。

47

SNAP-3A 安装于海军子午仪号导航卫星

马丁·玛丽埃塔公司核部门的保罗·迪克在 1961 年 6 月 29 日发射之前将 SNAP-3A 发电器连接到海军子午仪号卫星的基座上，这标志着原子能在太空中的首次使用 (来源：特励达公司)

因此，在艾森豪威尔的办公桌上首次亮相两年半之后，这项"安静技术"再次成为头版头条新闻。1961 年 6 月 29 日星期四的《纽约美国人报》宣布：

美国原子电池入轨

据该报报道，"核装置的成功绕轨道运行……使美国科学家在利用原子能进行太空探索的竞赛中领先于苏联人。"[51]

AEC 充分利用这一"空间-核"领域的首次成功大做文章，在 9 月它宣布"世界上第一个太空'原子电池'在轨 10 周后仍运行良好"。[52] 业界准备召开一次空间科学家和工程师国际研讨会，以回顾 SNAP-3A 在子午仪号卫星上的成功。在这次会议之前，10 月，西博格推广在太空中的原子技术，并倡导未来在空间中应用核能：

> 卫星中"原子电池"的存在象征着注定要发生的"联姻"①——在太空和原子之间。我们已经知道这两者是为彼此而生的。目前，没有人愿意放弃用于太空的其他能源形式。然而，在过去的几年里，原子能在太空应用方面取得了比我们许多人所希望的更大的进步。原子能将在多种不同的任务包②中实际应用于太空飞行器，这样的日子不远了。[53]

随着计划推进，11 月另一颗子午仪号卫星的即将发射意味着使用 SNAP 装置的第二次发射，这次吸取了之前在政治和环境方面的教训。西博格致信美国副总统兼太空委员会主席约翰逊，称赞该委员会在 6 月发射中发挥的作用。他提供了有关新发射任务的信息，并表示他预计太空委员会将再次发挥关键作用。[54] 副总统回答说，他对西博格提到太空委员会在 6 月 29 日发射任务中提供的帮助表示赞赏，并要求执行秘书进行必要的协调，以便将核电源纳入子午仪 4B 号发射任务。[55]

1961 年 11 月 15 日，在子午仪 4B 号导航卫星上第二次成功发射了 SNAP-3A。这一次，RTG 团队有充足的准备时间，不像前次发射那样地充满不确定性，他们已在发射台做好准备。在这一成功之后，这个小团队将在一段时间内为 RTG 寻找更多应用机会，而

---

① 用婚姻比喻两个领域的结合。——译者注

② 任务包通常指具有独立功能、可实现任务目标的由各类实物资源集合而成的一个整体，主要包含科考仪器、能源装置、通信设备等必要组件。——译者注

今它们已经展现了作为空间任务电源的能力。

参考信息来源

[1] John M. Logsdon, T*he Decision to Go to the Moon: Project Apollo and the National Interest* (Cambridge, Mass., and London, England: The MIT Press 1970) p. 13.

[2] *Ibid.*

[3] Homer E. Newell, *Beyond The Atmosphere* (Washington: National Aeronautics and Space Administration, 1980), p. 89.

[4] *Ibid,* pp. 95-96.

[5] *Ibid.*

[6] "AEC Establishes Aerospace Nuclear Safety Board," AEC public release, November 23, 1959. (From DOE archives.)

[7] Letter from Keith Glennan to John McCone, May 12, 1960. (From DOE archives.)

[8] *Ibid.*

[9] Letter of transmittal (McCone to Glennan) for "Memorandum of Understanding," August 30, 1960. (From DOE archives.)

[10] From Hearings *Before the Joint Committee on Atomic Energy, Congress of the United States, Eighty-seventh Congress, First Session, on Development, Growth, & State of the Atomic Energy Industry,* February 21, 23, 24, 27, 28, March 1, 2, and 3, 1961. (quotations pp. 19-20.)

[11] "Remarks by Leland J. Haworth, Commissioner U.S. Atomic Energy Commission at Luncheon of Space Nuclear Conference The American Rocket Society⋯May 5, 1961." (From DOE archives.)

[12] *Summary of Attitudes Encountered in Brazil Toward Operational SNAP Devices* (by J. G. Morse, Manager Auxiliary Power Systems Department, Nuclear Division, The Martin Company, June 5, 1961). (From DOE archives.)

[13] Information about Dr. Lapp's call and the hurried preparation of a safety document obtained in a personal interview with George "Mike" Dix. Mr. Dix also indicated that a comprehensive safety report had already been prepared earlier for the SNAP-1.

[14] Personal interview with Mike Dix.

[15]   See, for example, "Nuclear Power in Outer Space," *Nucleonics*, August 1960, pp. 58-
       63.

[16]   "Isotopic Power Ready for Space but Caution Delays Use," *Nucleonics*, July 1960, pp.
       26-27.

[17]   *Ibid.*

[18]   "Announcement No. E-69: Aerospace Nuclear Safety Conference," May 27, 1960
       (AEC). (From DOE archives.)

[19]   "Aerospace Nuclear Safety," memorandum for Chairman McCone, September 30,
       1960, prepared by Director Division of Reactor Development. (From DOE archives.)

[20]   *Ibid.*

[21]   *Safety Aspects of the Nuclear Space Program* (Remarks by Lt. Col. Joseph A.
       Connor, Jr.,··· Before the Annual Conference of the Atomic Industrial Forum,
       Fairmont Hotel, San Francisco, California, December 15, 1960). AEC press release,
       December 15, 1960. (From DOE archives.)

[22]   Glenn T. Seaborg, *Kennedy, Krushchev and the Test Ban* (Berkeley, Los Angeles,
       London: University of California Press), first page of "Preface."

[23]   Personal Interview with Glenn Seaborg.

[24]   Information on Seaborg's previous scientific work with radioactivity and isotopes taken
       from "Glenn T. Seaborg," *Who's Who in America*, 42nd Edition, 1982-1983, p. 2997.

[25]   Harold Finger (in a personal interview) stated that in Webb's mind NASA was not only
       a technical R&D center but a management R&D organization. Webb's own writings
       clearly bear out this approach and philosophy.

[26]   Arnold S. Levine, *Managing NASA in the Apollo Era* (Washington: National
       Aeronautics and Space Administration, 1982), "Preface" (by James E. Webb), p. XII.

[27]   *Ibid.* P- XIII.

[28]   Personal interview with Dr. Seaborg.

[29]   Personal interview with James E. Webb.

[30]   Recollections and expressions of philosophy by James E. Webb obtained in personal
       interview. Quotation at end is from Levine ("Preface"), op. cit., p. XIII.

[31]   Personal interview with Glenn Seaborg.

[32] Kennedy quotation taken from *Public Papers of the Presidents of the United States: John F. Kennedy, 1961* (Washington: U.S. Government Printing Office, 1962), pp. 403-494.

[33] Webb's recollections and point of view are from a personal interview.

[34] Personal interview with John Dassoulas.

[35] *Ibid.*

[36] Information from personal interviews with John Dassoulas and Paul Dick.

[37] Quoted material on specific initiation of the program for SNAPs at DOD request is taken from a letter to the Vice President of the U.S. (Chairman of the National Aeronautics and Space Council) from John Graham (Acting Chairman of AEC) on May 10, 1961, urging approval by the Council of the use of SNAP-3 on TRANSIT. (From DOE archives.)

[38] *Safety Analysis of the Transit Generator* (by D.G. Harvey and T.J. Dobry, The Martin Company), MND-P-2479, March 1961, p. VII. (From DOE archives.)

[39] "Impact Test Results for the Transit Generator," memorandum for Seaborg and the Commissioners from AEC General Manager, April 22, 1961. (From DOE archives.)

[40] "Summary of Hazards Analysis of Transit Generator," April 26, 1961, by Facilities Licensing, Division of Licensing and Regulation, AEC. (From DOE archives.)

[41] "Joint Meeting Concerning Nuclear Safety Responsibilities for Transit," memorandum to Director Division of Reactor Development from Chief SNAP Branch, May 4, 1961. (From DOE archives.)

[42] Letter to Secretary McNamara from John Graham (Acting Chairman, AEC), May 8, 1961. (From DOE archives.)

[43] Letter to the President from Glenn Seaborg, May 6, 1961. (From DOE archives.)

[44] Letter to Chet Holifield (Chairman, JCAE) from Glenn Seaborg. (From DOE archives; date unclear.)

[45] "Nuclear Power Is a Space Issue," *New York Times*, May 16, 1961. (From DOE archives; page number not discernible.)

[46] "U.S. Hesitates to Use Atom Device in Satellite Flight Across Cuba," *New York Times*, May 19, 1961, p. 2. (From DOE archives.)

[47] Memorandum, Seaborg to General Manager, June 8, 1961 (in DOE archives),

accompanied by note: "This memo not sent Commission instructed me to convey this message orally to General Manager."

[48]   Letter to Chairman Seaborg from his Special Assistant, Howard C. Brown, Jr., reporting conversation with Gilpatric of DOD, June 23, 1961. (From DOE archives.)

[49]   Personal interviews with Robert Carpenter and John Dassoulas.

[50]   Account taken from personal interviews with Carpenter and Dassoulas.

[51]   "3-in-l Satellite Is World's First," *New York Journal American,* June 29, 1961, p. 1.

[52]   "World's First 'Atomic Battery' in Space Continues to Operate Successfully," AEC press release, September 8, 1961. (From DOE archives.)

[53]   *Nuclear Power and Space* (Remarks by Dr. Glenn T. Seaborg⋯ Prepared for Delivery at International Symposium on Aerospace Nuclear Propulsion, Hotel Riviera, Las Vegas, Nevada, October 24, 1961. AEC press release. (From DOE archives.)

[54]   Letter from Seaborg to Vice President Lyndon Johnson, November 4, 1961. (From DOE archives.)

[55]   Letter from Lyndon Johnson to Glenn Seaborg, November 6, 1961. (From DOE archives.)

第四章

AEC的黄金年代

紧密的团队

许多最初的 RTG 团队成员认为，西博格加入 AEC 后的最初几年是 AEC 的"黄金时代"——在 NASA 庞大且成本高昂的空间系统和任务涉及越来越多的人员和组织参与 RTG 计划之前。

从 1962 年到 1965 年，反核运动还没有引起轰动，核能的未来及其广泛用途看起来很有前景，与此同时，AEC 主席是一位坚持核能及其与太空探索相互结合的科学家。此外，西博格激发了 AEC 员工的忠诚度和共同目标感。

卡彭特①回忆起那时在 AEC 的日耳曼敦大楼的大厅里遇到这位最高层领导是很常见的，他会被直呼其名地问候以及被询问有关该

---

① 时任 SNAP 计划同位素办公室负责人，在阿姆斯特朗的领导下，他向 AEC 反应堆开发司司长皮特曼汇报。——原文注

计划的问题："我们与西博格有私人关系①，我们还密切地与委员们②

46

SNAP-9A 装置演示

1961 年初，西博格接任 AEC 主席后不久，RTG 项目的卡彭特向西博格 (左侧) 展示了 SNAP-9A。(来源：美国能源部档案馆)

沟通接洽。"他补充说，国会山的问题很少，该计划得到了 AEC 和国会的支持，他们的成员要求制定空间核推进系统的飞行时间表，热衷于看到 SNAP 同位素技术获得飞行的机会。根据卡彭特的说法，在那些年里，AEC 允许工程师从头到尾完成他们项目的所有工作——至少在小型同位素电源项目上是这样。RTG 团队选择了仅

---

① 指员工们与最高层领导的关系紧密，领导为人亲切和善。——译者注

② 泛指 AEC 的高级官员。——译者注

让少数人掌控全局。卡彭特回忆说："是我准备了预算文件，并在国会为它们辩护，是我推动了计划实施，并参与了发射任务。"[1]

卡彭特解释说，早期仅有很少的承包商参与，因为项目规模很小，而且没有大量资金可用于空间同位素电源研发。他指出，SNAP-3 是马丁公司用少量资金从 3M 公司采购获得的。马丁公司参与了同位素电源项目，而其他公司则退缩了，因为"它们从其他更大的渠道进入太空领域，而且它们的项目具有长期性。当预算中有更多资金后，许多其他公司也加入了进来。正如当我们开始阿波罗计划的时候。"[2]

在最初研发阶段，圈子范围非常有限，包括 AEC 研发小组和其他机构的研发小组：马丁·巴尔的摩公司核部门的同位素电源实验人员和研发人员，以及在 3M 公司的分包商；孟山都公司旗下土墩实验室的燃料封装人员；其他用户等，例如为海军开发子午仪号导航卫星系统的约翰霍普金斯大学应用物理实验室。该团队继续开发 SNAP-9A，增加了电源功率，以满足预计在 1962 年末发射子午仪号卫星的使用要求。同时，马丁公司正在开发一系列 SNAP-7 装置，用于地球上的导航灯和气象站，为海军、海岸警卫队和气象局提供服务。

NASA 开始与 AEC 签订合同，研究同位素 SNAP 装置在未来太空任务中可能的应用。甚至在阿波罗计划之前，NASA 就认识到，"考虑到有效载荷的重量和空间限制、14 天的月夜期和预期实验的多样性"[3]，月球任务将对电源系统提出异常严格的要求。1961 年秋天，NASA 再次确认了勘测者号航天器月球软着陆任务对同位素电源装置的需求，并且 AEC 准备向 NASA 提供 2 个 SNAP 装置——编号 SNAP-11——计划在 2 年后执行任务。[4] 1962 年中期，NASA 开始与 AEC 初步探讨 RTG 为行星际监测探测器系列卫星之一提供主要电力的可能性。除了可预见的技术优势外，NASA 还希望通过使用 RTG 以增强机构自身"在核装置使用和应用方面的能力和经验"。[5]

1962 年 9 月，AEC 专员海华斯在向原子能联合委员会报告空

间核动力应用情况时表示，"核动力不仅将加强太空探索；而且将
其作为推进器和辅助电源使用是广泛探索外层空间的关键。"他回
顾了漫游者计划中核火箭推进器的研发和测试工作，承认存在不尽
30 如人意的状况并导致进度滞后。谈到 SNAP 计划的同位素电源方面，
海华斯对计划的成功（在前一年的 6 月和 11 月成功发射了搭载同
位素电源装置的海军子午仪号导航卫星）表示"相当满意"。他展
望未来说："我们将继续与国防部、NASA 密切合作，以满足他们
对太空 SNAP 装置的需求，同时……我们已开发了一种基于钚 -238
燃料的 25 瓦发电装置，即 SNAP-9A，用于海军的子午仪号作战原
型卫星。"海华斯还谈到了与 NASA 合作开发 SNAP-11 的工作，这
是一种基于锔 -242 燃料的 25 瓦温差发电器，计划为勘测者号软着
陆器提供动力。[6]

因此，NASA 做好了成为同位素电源主要用户的准备。同时，
RTG 开发小组将向越来越多的人员和组织开放。

重燃决心和希望的时刻

大国对抗影响了 RTG 计划。苏联打破了美国、英国和苏联自
1958 年 11 月以来一直遵守的暂停大气层核试验的规定。肯尼迪总
统下令恢复地下核试验。1962 年 4 月，尽管美国仍在为约翰·格
伦首次成功环绕地球飞行而欢呼，但肯尼迪授权在圣诞岛外围恢复
大气层核试验。这些核试验在世界各地以及在美国国内引起了公众
相当大的不良反应。[7] 10 月的古巴导弹危机标志着国际紧张局势
达到顶峰。到 1963 年夏天，肯尼迪似乎下定决心要走上一条将大
国从战争边缘带回来并开始合作的道路，至少在核试验问题上是这
样。也许受益于国际紧张局势，在大国展开对抗的同时，NASA 和
AEC 的研究取得了进展。

1963 年 6 月，肯尼迪选择在华盛顿特区的美利坚大学毕业典
礼发表演讲，为大国寻求和平和解决分歧开辟了一条新路线。可能
和平吗？肯尼迪坚信道："我们的问题是人为的——因此，它们可

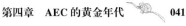

以由人来解决。"有可能与苏联和平相处吗？他又回答说："没有哪个政府或社会制度如此邪恶，以至于必须将其人民视为缺乏美德。" 31 而且，两国人民都对战争深恶痛绝，相互之间从来没有交过战。最后，关于军备控制，肯尼迪发表了两项声明：

一、赫鲁晓夫主席、麦克米伦首相和我已经同意，很快将在莫斯科举行高层协商，以期早日就全面禁试条约达成一致意见。

二、为了表明我们对此事的诚意和庄严信念，我现在宣布，只要其他国家不这样做，美国就不打算在大气层进行核试验。[8]

7 月，莫斯科高层会议在夏季结束之前如期举行。该会议产生了《禁止在大气层、外层空间和水下进行核武器试验条约》①。9 月 24 日，美国参议院以"80 赞成、19 反对"票决结果批准了这项《部分禁止核试验条约》。9 月 25 日，苏联部长会议主席团也批准了该条约。[9]

在国会对国家太空计划的重新评估中，肯尼迪与苏联妥协的举措被视为不仅减缓了月球竞赛进程，而且削弱了对太空计划的整体支持。在 9 月的联合国演讲中，肯尼迪提议两个大国进行联合载人登月计划。空间技术倡导者表示，这"为进一步削减已经减少的太空计划预算提供了新的论据，并致使公众对阿波罗计划是否仍然是一项紧迫的国家目标感到困惑"。《航空周刊》表达了类似的担忧：

肯尼迪总统对他自己的国家太空计划造成了最沉重的打击。总统不慎邀请苏联加入美国阿波罗计划的直接影响是双重的。

首先，它将为反对太空计划的国会成员提供一把锋利的斧头，他们可能大幅削减 1964 财年的预算，甚至比限制技术发展更能阻碍美国的太空进展…… 32

其次，它将给庞大计划带来心理负担，而这项计划刚刚开始形成有希望的技术发展势头……[10]

到 11 月初，一些太空期刊敦促，"基于国家自身利益的坚实因

---

① 1963 年美国、苏联和英国在莫斯科签署，又称《部分禁止核试验条约》。——译者注

素"，制定新的国家太空政策和 1965 财年太空预算。[11] 一周后，赫鲁晓夫宣布苏联并未放弃自己的载人登月计划，并且他之前声明准备"考虑"联合载人登月计划被错误理解，从而使苏联重返载人登月竞赛。[12]

肯尼迪遇刺后，舆论倾向于对这位"真正的现代总统"的正面评价。在达拉斯遇刺的前一天，肯尼迪在圣安东尼奥的美国空军航空航天医学院发表了最后一次重要演讲，讲述了一个关于爱尔兰男孩的故事：他们正徒步穿越乡村，当对"试图翻越一堵果园墙"感到犹豫时，他们把帽子扔过墙，然后别无选择，只能跟着这些帽子前行。肯尼迪曾说过："这个国家已经把它的帽子扔到了太空墙的另一侧，因而我们别无选择，只能跟随它。"一篇社论总结道："当第一批美国宇航员从月球安全返回时，他们肯定会这样做，我们应该记住，是约翰·肯尼迪……将我们的帽子扔过太空墙，让我们成功地超越了它。"[13] 此时，RTG 项目受益于肯尼迪对技术的支持和国家的乐观情绪。

1963 年夏天和秋天，肯尼迪政府时期，其他事件吸引着人们的注意力。反对贫困的大规模"华盛顿游行"、黑人争取公民权利的抗争以及越南总统吴廷琰[14] 被暗杀所引起的震动占据了媒体。那年秋天，用于一颗作战原型卫星的同位素电源装置正在开展下一步太空飞行试验，这个举动几乎没有被注意到。9 月下旬，一颗完全由同位素发电器提供电力的海军子午仪 5B 号导航卫星从范登堡空军基地发射升空。10 月的太空期刊[15] 简要介绍了 SNAP-9A 的首次飞行。显然，不同于 SNAP 装置的先驱者，它们登上头条的日子已经结束。1963 年 12 月 5 日，另一颗搭载 SNAP-9A 的子午仪号卫星成功发射，这次甚至没有被太空期刊或任何流行的新闻期刊所提及。

33　技术向前发展

在空间核能成功应用一周年之际，AEC 主席西博格通过媒体提醒公众注意"原子时代"的这一历史性里程碑事件。SNAP-3A 装置在一年后仍能成功运行，半衰期为 90 年①的钚燃料有潜力为空间发射器供电数十年。西博格预测了未来在太空中使用核能的愿景：

> 我坚信，核能为完成太空长途航行和我国太空计划的许多其他雄伟任务提供了最可行的手段……
>
> 由于令人兴奋的应用全景，发展空间核能是最重要的。人类只是处于太空时代的边缘。核能将把我们带入这个时代——并靠近行星。[16]

国会对核推进和空间反应堆发电器仍然寄予很高的期望。这种"安静技术"已经证明了自己的能力，AEC 将探索和发掘 RTG 其他可能的应用。[17]

1962 年末，NASA 预测了 10 年内太空任务对 RTG 的潜在需求，其中包括行星际监测探测器、轨道天文台和雨云号——一种提供覆盖全球 24 小时气象信息的卫星系统。[18] 针对这些系统的 RTG 早期研发工作已经开始。与此同时，为海军的作战原型导航卫星提供电力的 SNAP-9A 相关工作也在继续进行。 1963 年春天，AEC 反应堆开发部门的负责人皮特曼向参议院委员会报告说："……我们最引人注目的成功是使用相对较小的 SNAP 同位素装置……它们特别适合太空应用，因为它们能够在极端温度和电磁辐射环境条件下运行，并且不依赖于阳光来发电。"[19] 1963 年 9 月 1 日，AEC 发布的 SNAP 情况说明书介绍了截至当前的 SNAP 计划进展概况：

> SNAP-7 项目为海岸警卫队和海军开发了"以锶 -90 为燃料的同位素电源原型装置……用于海岸导航设备、深海声呐装置和自动气象站"。该系列中的所有装置均在地面②的恶劣环境中使用。
>
> SNAP-9A 正在设计中，将由国防部用于作战导航卫星。

34

---

① 钚 -238 半衰期为 87.7 年，此处是西博格在新闻报道中做了简化处理，便于公众理解。——译者注

② 原文为 Terrestrial，特指非太空环境的地球表面环境，是包含地面、河流、海洋在内的广义陆面。——译者注

该卫星前身为子午仪号卫星，于 1961 年搭载 SNAP-3A 发射。SNAP-9A 和 SNAP-3A 一样，以钚 -238 为燃料，设计寿命为 5 至 10 年。它产生 25 瓦的电力，重 27 磅。

NASA 拟将 RTG 用于勘测者号计划——月面无人软着陆探测项目——导致 AEC 启动了 SNAP-11 研发工作。该装置将装满锔 -242 燃料，重量为 30 磅，并将"连续为 90 天的月球任务提供至少 18.6 瓦的电力。"

SNAP-13 也在为 NASA 勘测者号任务应用而开发，它将证明在铯蒸汽热离子发电机中使用 RTG 的可行性[①]。这台发电机将产生 12.5 瓦的电力，符合勘测者号的使用要求。

正在为一项机密任务开发的是 SNAP-15——目前整个项目中最小的发电器。它将使用钚 -238 燃料并提供 0.001 瓦的功率，设计寿命为 5 年。

NASA 对用于行星际监测的探测器的 RTG 有浓厚兴趣，这激发了对 SNAP-9A 类似装置的研究，但是以"更容易制造并降低系统重量"为约束条件。这些发电器专为绘制地球和月球之间磁场图的卫星而设计，可产生大约 25 瓦的电力，并以钚 - 238 为燃料。

最后，AEC 指出，已邀请各方提出建议，"开发一种以锶 -90 作为燃料的空间 RTG"，该装置将为空军中轨通信卫星供电。[20] 这些装置的研发合同于 11 月授予通用电气公司和马丁公司，并规定在项目第一阶段评估锶 -90 作为空间 RTG 燃料的可行性。[21]

35   渐渐地，其他公司被吸引到 RTG 研发项目中，但马丁公司核部门仍然是最主要的研发者。即使该公司将其业务工作扩展到国防部和 NASA 的新装置研发中，马丁公司仍然感到项目资金紧张且受制于"面向硬件的研究"的约束。在 1962 年年末 AEC 委员的简报

---

① 蒸汽热离子发电器的发电原理与温差发电原理不同，将 RTG 用于前者没有意义。译者认为原文混淆了定义与概念，此处应该为"一种放射性同位素蒸汽热离子发电器"。——译者注

中，马丁公司总经理班纳特抱怨资金有限，SNAP 装置的开发仅限于特定任务，并且项目缺乏广泛的研究和开发工作，特别是在增加电源功率质量比 ① 和随着功率需求的增加而确保电源可靠性方面。[22] 回想起来，尽管不断抱怨缺乏资金，但 AEC 的 RTG 支持者意识到该项目的优势在于"以任务为导向的研究和开发"重点关注特定任务的要求。

　　1962 年和 1963 年准备发射 SNAP-9A 第二代 RTG 的经验在接下来的几年中重复了很多次，因为"安静技术"的开发人员已经习惯了不确定的交货时间，并努力在发射台做好准备，无论任务最终的"开始"信号何时下达。海军卫星负载要求的变化影响了转换器的设计。热循环中还出现过其他问题：在长期真空测试过程中，空气进入其中一台样机并氧化热电组件。此外，运载火箭在 1962 年 10 月进行了改装，原定于 12 月的首次发射日期被推迟到 1963 年 2 月，然后又被推迟到 5 月中旬。[23] 之后还出现了其他情况导致延期。由于发射最终定在 1963 年 9 月、10 月和 11 月，因此在 8 月制定了一个程序，以接受委员会和总统的批准，以便在即将飞出太平洋导弹试验靶场的海军导航卫星上使用基于钚 -238 燃料的 SNAP-9A 发电器。[24]

　　为了回应最后一刻关于安全的分歧，几乎直到临近发射时才完成安全相关信息的整理并提交给评审人审查。[25] 直到第一次发射前几天才获得委员会的批准，随后太空委员会向 AEC 通报了总统的批准。9 月下旬，发射成功后，AEC 宣布，从范登堡发射的海军导航卫星是"第一个完全由核能提供电力的卫星"。[26] 12 月初，另一份 AEC 新闻稿的标题是"最近发射的第二颗完全由核能提供电力的卫星——运行成功"。[27] 然而，1964 年 2 月的一份状态报告显示无法从第一次发射的卫星接收有用的多普勒信号，尽管两个月前发射的第二台 SNAP-9A 持续完美地工作。[28]

　　随着该系列第三台也是最后一台 SNAP-9A 的发射计划日趋成

36

------

　　① 即质量比功率，电源输出功率与电源质量之比，单位通常为 W/kg。——译者注

熟，对安全问题的关注更加突出。在那次发射中发生了任务中止，这充分说明这种对安全的关注十分必要。在 RTG 开发和使用全过程中，处理潜在危害的程序和机制需要大量的资源投入。在载人登月飞行之前，安全程序就已经非常正式化了，因为该任务需要更高的电力供给，从而增加了事故的潜在危害 [①]。

安全计划的演变

哈罗德·芬格的核安全官迪克斯评论说："我们总是假设如果有一次任务中止导致放射性物质释放，那么整个 RTG 计划就会失败。"[29] 汤姆·科尔于 1962 年 6 月来到联合空间核推进办公室，成为 NASA 所有空间核系统安全审查的协调员。科尔记录了国防部和 AEC 在经历了两次针对 SNAP-3A 发射的非正式审查后 [建立的] 安全许可程序的故事：

> 为准备 1963 年的 SNAP-9A 发射，组建了扩大的审查小组和程序。NASA 受邀参与评审；尽管发射装置是用于国防部导航系统。当时，这些审查的责任已成为 AEC-NASA 空间核动力办公室职责的一部分……正是在这些早期的审查和发射过程中，制定了有效、全面的审查和批准程序。[30]

专家们最初并没有做好应对空间核环境的准备。用于地面系统的审查程序无法遵循；RTG 很轻，必须避免使用重屏蔽体。此外，还必须考虑多种情况：在发射台或其附近的发射失败、发射失败后的再入大气层，以及短轨道寿命导致在未知和不受控制的位置发生再入大气层和地面撞击。此外，必须获得最高级别的批准。科尔指出："对于国务院和总统及其工作人员来说，了解这些发射的潜在特性至关重要。如果发射失败并可能在外国领土发生撞击和燃料泄漏，极可能引起巨大的政治反响。"[31]

在 SNAP-9A 准备期间，来自 AEC、国防部和 NASA 的代表概

37

---

① 更高的电力供给通常意味着更大的钚 -238 燃料用量，即放射性活度、化学毒性更大。——译者注

述了范围和程序，以提高审查和批准过程的一致性和效率。他们决定从相关机构寻找代表组建特设小组，而不是建立一个跨机构常委会。影响这一决定的一个因素是，含有公众参与的常委会难以处理涉密信息。早在 1963 年 1 月，就为可能组建的跨机构审查委员会制定了一份示范章程。[32] 最终，安全审查小组被命名为"跨机构核安全审查小组"。尽管这些小组都是新成立的临时小组，但经过多年的安全审查，迪克斯是指定的 AEC 协调员，而科尔是指定的 NASA 协调员。

1964 年春天，总经理和监管主任向委员会[①]提交的一份报告确立了跨机构安全审查机制，这与最终通过的机制接近。[33] 商定的程序规定，为每个任务创建一个特设小组，包括编制一份公共信息包和安全报告。这些准备好的信息包预测了可能发生的事故，并包含适当的安全信息以供发布。

对安全的基本考虑始于装置中使用的燃料。AEC 选择钚 -238 作为第一次太空任务的 SNAP 装置的燃料，因为它主要发射 α 粒子 (穿透性最低的粒子类型) 并且具有相对较长的半衰期，无法支持链式反应，即使在大质量下也不会出现核爆炸的危险。如果被生命体吸入或摄入，危险在于其具有毒性。AEC 描述了对用于 SNAP 装置的钚 -238 燃料舱进行的许多试验，这些试验检查了燃料舱在发射台事故中承受撞击的安全性，以及在再入大气层时确保被烧毁的能力。[34] 迪克斯说："我们在早期采用了'再入时烧毁'的概念，因为权威人士认为，高海拔发射中止导致的燃料释放是一个不太可能的事件，如果真的发生，只会为大气层核试验产生的钚材料环境本底增加非常小的增量。"[35] 然而，基于"烧毁"的安全措施为 SNAP-9A 获取发射批准造成了最大的问题。

AEC 的许可与监管司对即将发射的 SNAP-9A 的安全性持强烈的保留意见，并对再入大气层时烧毁的假设提出质疑。它提醒委员们注意，SNAP-9A 装置所含的钚燃料量是 SNAP-3A 的 10 倍。即使发射任务在委员会批准下继续进行，但这些担忧也从未完全消

38

---

① 委员会是对 AEC 的简称。——译者注

除。获得批准同时，准许反应堆开发司和许可与监管司的继续进行安全审查，并且在整个子午仪系列任务中，委员会将被告知任何发生的"不利事件"。[36]

第三颗海军卫星子午仪 5B 号未能进入轨道引起了一些骚动，给安全团队带来了压力。AEC 总经理卢德克向西博格主席报告：

> 1963 年 4 月 21 日 SNAP-9A 发射中止的初步数据表明，有效载荷到达南极上方的高空（超过 1000 英里①），并以陡角模式重新进入莫桑比克海峡⋯⋯[37]

西博格的一份新闻稿再次向公众保证：

> 从之前安全分析和测试得出的结论是，再入大气层将导致钚 -238 燃料燃烧成直径约百万分之一英寸②的颗粒。这些颗粒将广泛耗散⋯⋯并且不会构成健康危害。[38]

随后，几乎没有产生负面影响。6 月，AEC 委员们得到 AEC 公共信息部主任邓肯·克拉克的保证，"苏联是唯一一个对 SNAP-9A 未能入轨的消息发表声明的国家。"[39]这个问题一直存在；直到 10 月，AEC 才收到并答复了美国参议员寻求信息和保证的询问。[40]秋季，将 4 月发射失败的审查报告提交给了太空委员会。[41]由于不断收到来自高空气球样本的结果，AEC 准备并分发了一份令人信服的新闻稿，指出最近收集的数据"清楚地表明，今年 4 月航天器未能进入轨道，其中太空核发电器的燃料如预期一般被烧毁。"[42]

卡彭特仍记得"我们将发射中止事件视为'很好的测试'机会。"[43]迪克斯自豪地回忆说，"我们进行了一项分析，发现 RTG 将在莫桑比克海峡降落，"（他还表示，该燃料的烧毁分析及预测结果已于发射任务之前发表在公开文献中）。[44]经过 SNAP-9A 发射中止提供的实际"测试"，安全计划得以强化，并作为不断发展的技术的一个组成部分向前推进。正如科尔解释的那样，安全计划任务前审查和测试有助于验证 SNAP 装置的设计，从而有助于保持任务成功

---

① 1 英里 =1609.3 米。——译者注

② 1 英寸 =0.0254 米。——译者注

的惊人纪录，同时还有助于预测和控制由少数事故带来的危害。[45]

据科尔说，SNAP-9A 的中止导致燃料形式发生变化。[46] 最终，随着放射性同位素燃料用量的增加，基本安全概念从"烧毁耗散"变为"完整再入"。难以置信的是，当新概念被整合到由 RTG 供电的太空任务中时，跨机构审查和细致的安全分析机制已经很好地建立并开始运行。

新推力和方向的十字路口

1963 年年底，空间和核方面的科学家、技术专家试图预测新总统林登·约翰逊将如何推进太空计划。约翰逊在担任国会议员期间曾担任 AEC 委员会成员，在当选为副总统后又担任国家航空航天委员会主席，因而在空间和军事活动方面拥有丰富的立法经验。1963 年 11 月 27 日，约翰逊在国会联席会议上的首次讲话中承诺继承肯尼迪的思想和理想，包括"征服广阔太空的梦想"。[47]

《航空周刊》对约翰逊在太空中优先事项上的第一个决定给予了积极评价："随着林登·约翰逊总统决定发展军用轨道空间站，国家太空计划向前迈出了重要一步"。[48] 然而两周后，约翰逊削减了 1965 财年预算，导致核飞行计划 ① 被取消。AEC-NASA 联合办公室估计并指出，因取消反应堆飞行测试项目以及火箭运载器用核发动机项目，喷气飞机公司、洛克希德公司和西屋公司的 1300 名员工受到影响。[49]

几个月过去了，削减预算的原因变得显而易见。1964 年 4 月，太空期刊对越南战争给予了极大的关注。尽管国防部长麦克纳马拉曾表示尚未做出延长战争的决定，但他拒绝了美国从东南亚撤军的所有建议。[50] 国会山的紧张局势浮出水面，国会议员莱尔德对军事预算进行攻击，麦克纳马拉部长为他的武器开发计划辩护。这表明

40

---

① 一次携带反应堆的飞行试验任务。——译者注

"枪支和黄油"①演变为党派之争。莱尔德质疑麦克纳马拉根据项目金额判定每个项目是否为"大"项目的合理性：

> 使用这个标准，也许我们应该将"反贫困战争"归类为一个"大"的新武器系统项目。毕竟，新武器系统的各项要素似乎都在这个项目中得到了体现。成本肯定是够高的。正如麦克纳马拉部长声称，"反贫困战争"就像武器系统一样"新"，它显然是现有项目的组合。而且，当然，该项目已被赋予了新名称。[51]

NASA 和 AEC 的管理者采取措施，以保持其计划的发展势头并应对这一紧张环境。

1964 年 1 月，约翰逊要求韦伯审查 NASA 未来的太空探索计划，目的是将硬件和开发计划与未来的任务联系起来。约翰逊还强调了与国防部、AEC 协作推进研发计划的重要性。韦伯与西博格进行了商议，并将西博格对两个机构开展联合工作的观点纳入了他的报告中。韦伯详细介绍了这些计划及其包含的任务和硬件，描绘了 NASA 的发展全景——"一项为期 10 年、耗资 350 亿美元的计划，旨在发展国家太空业务能力。"为了挽救庞大的计划，他讨论了许多正在酝酿的任务以及它们与其他机构的协作情况。[52]

41　　西博格从一年多前就开始为 SNAP 计划准备一个案例，并随着预算斗争的临近[53]，他邀请私营承包商、军队和其他政府机构参加有关 SNAP 计划的研讨会。[54]为响应约翰逊的要求，一份关于 SNAP 计划的报告草案在 1964 年 1 月前准备就绪。拉米委员批评该报告明显试图"竭尽全力地公平对待诸如太阳能电池的其他类型系统"，并对强调核安全持保留意见。[55]

该报告于 1964 年 2 月发布，强调了核辅助电源对各种太空任务的独特优势，并坚持认为"雄心勃勃的太空任务的执行将需要大量可靠的电力，以至于它们只能通过核系统来实现。"[56]威尔士在太空委员会上，为捍卫该计划提供大力帮助，但明确了委员会在整

---

① 美国共和党、民主党各执一词，分别支持武器计划和民生计划，其中"枪支和黄油"是象征物。——译者注

个 SNAP 计划中的优先事项：

> 我的工作人员认识到 SNAP 同位素装置的用途，但如果说对什么更感兴趣的话，那就是整个计划中涉及核反应堆的工作部分。他们非常强烈地认为，我们现在必须对电源开发工作给予一切鼓励以支持未来任务的电力需求。阿波罗登月计划不会结束。未来的可能任务包括载人行星探索、持续扩大的月球基地和多任务的先进地球轨道空间站。所有这些任务都必须使用电源……需求数量高于现在可供数量。只有核能具有这种潜力。[57]

整个 1964 年，AEC 和 NASA 在空间核领域朝着使两个机构更紧密地协作的方向发展。此举是对多种影响因素的回应，包括经费紧缩、高强度无重复性工作、越来越需要证明任务需求及其研发必要性，以及对未来任务更高功率需求的展望。1965 年 1 月，NASA和 AEC 共同拟定了建立联合空间核系统部的协议，将其在这些机构中发布以供审查。协议阐明了此次重组的目的和理由：

> 认识到"核能系统的发展及其在太空任务中的应用"需要技术和管理能力，且同时涉及 NASA 和 AEC 的责任，这些机构同意这些活动需要付出共同努力和构建一个联合组织，以确保系统开发的有效性并确保各机构的职责得到妥善履行。因此，本协议的目的是建立这样一个联合组织并确定其职能。[58]

新部门的协商和筹备工作一直持续到 1965 年春天，其中包括电源系统研究与开发、转换系统与同位素源的集成。6 月，由哈罗德·芬格领导的新空间核系统部门成立。[59] 在与原子能联合委员会的第一次会面中，哈罗德·芬格表示需要具有非常大功率范围的电源，但难以想象有资金为每项特定任务开发一个独特的系统。因此，他提出：

> 我认为重要的是……在委员会计划中，我们尝试开发满足尽可能广泛的潜在任务需求的系统，与此同时，继续将技术推向更先进的领域，以便尽力提高这些系统的性能和寿命。[60]

秋季，在原子工业论坛的年度会议上，哈罗德·芬格描述了新

42

的 AEC-NASA 组织架构，其中包括 AEC-NASA 的空间核系统项目机构重组，以及 AEC 的空间电源机构调整（见图 1 和图 2。）现在，已经到了一个新的关口。 随着小型、自信和坚持不懈的 RTG 团队准备在飞行器上发射他们的装置以飞往月球及更远的地方，他们发现空间核能的戏剧舞台充斥了越来越多的演员——包括个人和组织。

43

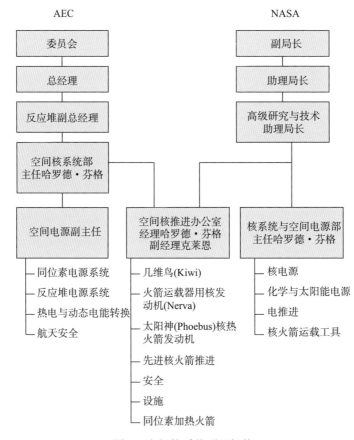

图 1 空间核系统项目机构

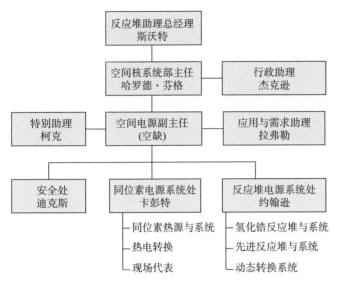

图 2　空间核系统–空间电源机构

44

参考信息来源

[1] Impressions of organizational atmosphere and relationships at AEC/ERDA from personal interview with Bob Carpenter.

[2] *Ibid.*

[3] Letter to John McCone (Chairman, AEC) from T. Keith Glennan (NASA Administrator), August 3, 1960. (From DOE archives.)

[4] Information taken from "Opening Statement of Dr. Frank Pittman Before the JCAE Subcommittee on Research and Development and Radiation." (From DOE archives.)

[5] Letter to AEC General Manager from Robert C. Seamans, Jr. (NASA Associate Administrator), August 8, 1962. (From DOE archives.)

[6] *Hearings Before the Subcommittee on Research, Development, & Radiation of the Joint Committee on Atomic Energy Congress of the United States, Eighty-seventh Congress Second Session, on Space Nuclear Power Application*, September 13, 14, & 19, 1962. (quotations, pp. 10 and 12-13.)

[7] Information on key international events in the period described taken from Seaborg {*Kennedy… and the Test Ban*), op. cit.

[8] Quotations in this paragraph are taken from *Public Papers of the Presidents of the United States: John F. Kennedy*, 1963 (Washington: Government Printing Office, 1964), pp. 460-461 and 463-464.

[9] *Ibid,* pp. 280-282.

[10] Quoted materials in text of paragraph are from "Kennedy's Offer Stirs Confusion, Dismay" (by Alfred P. Alibrando), *Aviation Week & Space Technology,* September 30, 1963, p. 26. Offset quotation is from "Kennedy's Space Boomerang" (by Robert Hotz) in the same issue of *Aviation Week* (p. 21).

[11] "New National Space Policy Needed" (by Robert Hotz), *Aviation Week & Space Technology*, November 4, 1963. p. 21.

[12] "Krushchev Puts Russia Back into Manned Lunar Landing Race" (by Alftred P. Alibrando), *Aviation Week & Space Technology*, November 11, 1963, p. 29

[13] "An Indelible Mark" (by Robert Hotz), *Aviation Week & Space Technology*, December 2, 1963, p. 21. President Kennedy is quoted from *Public Papers of the Presidents of the United States: John F. Kennedy, 1963* (Washington: U.S. Government Printing Office, 1964), p. 883.

[14] See *Newsweek* issues for September 2 and September 9 (the march on Washington and the test ban treaty), October 21 (poll of whites regarding the Negro revolt), November 5 (Vietnam showdown.)

[15] "Snap-9A Isotope Generator Powers Navy Transit Navigation Satellite," *Aviation Week & Space Technology,* October 7, 1963, p. 37.

[16] "Anniversary Statement by Dr. Glenn T. Seaborg, Chairman, U.S. Atomic Energy Commission," June 29, 1962, AEC press release. (From DOE archives.)

[17] See, for example, "The President's Policy Statements on Outer Space," draft from NASA circulated at AEC on June 19, 1962. (From DOE archives.)

[18] Letter from NASA Associate Administrator to AEC General Manager, July 8,1963 — referring to a previous forecast of November 1962. (From DOE archives.)

[19] "Nuclear Space Projects — Briefing of the Senate Committee on Aeronautical and

Space Sciences," April 30, 1963. (From DOE archives.)

[20] All facts in the preceding summary taken from *SNAP Fact Sheet* (Atomic Energy Commission), September 1, 1963. (From DOE archives.)

[21] Information on the strontium-90 device contracts is from "AEC to Negotiate Contracts for Development of Space Nuclear Power Generator," November 15, 1963, AEC press release. (From DOE archives.)

[22] "Summary Notes of Briefing by Representatives of the Martin Company on the SNAP Program," Tuesday, March 5, 1963 at D.C. office of AEC; published at AEC on March 29, 1963. (From DOE archives.)

[23] "Summary Notes of Briefing on SNAP Program," Wednesday, February 13, 1963 at D.C. office of AEC; published at AEC on May 27, 1963. (From DOE archives.)

[24] "Use of SNAP-9A in Navigation Satellites: Report to the General Manager by the Director Division of Reactor Development," transmitted August 1, 1963 by Secretary AEC. (From DOE archives.)

[25] "Supplement to AEC 1000/75—Approval to Use SNAP- 9A on TRANSIT: Report to the General Manager by the Director of Reactor Development," August 26, 1963. (From DOE archives.)

[26] "Satellite, First to Be Wholly Powered by Nuclear Energy, Now in Orbit," September 30, 1963, AEC press release. (From DOE archives.)

[27] "Second Satellite Wholly Powered by Nuclear Energy, Launched Recently; Operating Successfully," December 6, 1963, AEC press release. (From DOE archives.)

[28] "Status Report on SNAP-9A," memorandum from Director Division of Reactor Development to AEC General Manager, February 5, 1964. (From DOE archives.)

[29] Personal interview with Mike Dix.

[30] *Procedures for Securing Clearance* (by Thomas B. Kerr), no date, National Aeronautics and Space Administration, pp. 1-2. Document provided to interviewer at time of personal interview with Mr. Kerr.

[31] *Ibid*, p. 2.

[32] "Safety Review of Aerospace Nuclear Projects," AEC memorandum to the Chairman and Commissioners from the General Manager, January 14, 1963. (From DOE

archives.)

[33] "Expert Review and Advice on Space Nuclear Safety Problems: Report to the Commission by the General Manager and the Director of Regulation," April 1,1964. (From DOE archives.)

[34] *SNAP Fact Sheet*, September 1, 1963. (From DOE archives.)

[35] Personal interview with Mike Dix.

[36] "AEC 1000/75—Approval to Use SNAP-9A on TRANSIT and AEC 1000/76— Supplement to AEC 1000/75," AEC memorandum to Director of Division of Reactor Development from Secretary AEC, September 3, 1963. (From DOE archives.)

[37] "Memorandum for Chairman Seaborg, Subject: SNAP- 9A," from General Manager, AEC, April 23, 1964. (From DOE archives.)

[38] Press release (April 22, 1964) attached to letter from Seaborg to Dr. Welsh (Executive Secretary National Aeronautics and Space Council), April 23, 1964. (From DOE archives.)

[39] "Foreign Reaction to SNAP-9A Failure to Orbit," AEC memorandum to Chairman and Commissioners from Director Division of Public Information, June 5, 1964. (From DOE archives.)

[40] See, for example, letter to Senator Morse from Seaborg, October 29, 1964. (From DOE archives.)

[41] Letter from Dr. Welsh to Glenn Seaborg, November 4, 1964, commending the requested presentation by Dr. Joseph Lieberman and Mr. Robert Carpenter (From DOE archives.)

[42] Letter from Seaborg to Senator Pastore (Chairman JCAE) and accompanying press release, January 5, 1965. (From DOE archives.)

[43] Personal interview with Bob Carpenter.

[44] Personal interview with Mike Dix.

[45] Personal interview with Tom Kerr.

[46] *Ibid.*

[47] See "Johnson Stress on Military Space Seen," "Johnson Familiar With Aerospace Facilities," and "Continued Space Effort," *Aviation Week & Space Technology*,

December 2, 1963 (pp. 26ff and 28). President Johnson quoted from *Public Papers of the Presidents of the United States: Lyndon B. Johnson, 1963-1964,* Book I (Washington: U.S. Government Printing Office, 1965), p. 8.

[48] "Another Step Forward" (by Robert Hotz), *Aviation Week & Space Technology,* December 16, 1963, p. 25.

[49] "Nuclear Flight Program Cancelled as President Trims FY'65 Budget," *Aviation Week & Space Technology,* December 30, 1963, p. 22.

[50] "South Vietnamese Raiders Extending War" (by Larry Booda) and "Options in Vietnam," *Aviation Week & Space Technology,* April 6, 1964 (pp. 16-19).

[51] "Washington Roundup," *Aviation Week & Space Technology,* April 27, 1964, p. 25.

[52] "Preliminary Response by James Webb to President's Letter of January 30, 1964," sent to Glenn Seaborg on May 18, 1964. (From DOE archives.)

[53] "The SNAP Report: Suggested Outline," memorandum for the Commissioners, January 14, 1963. (From DOE archives.)

[54] "Tentative Schedule—SNAP Program Study Seminars," memorandum for the Commissioners, January 31, 1963. (From DOE archives.)

[55] "Memorandum for Commissioner Tape: SNAP Report," from James T. Ramey, January 24, 1964. (From DOE archives. Emphasis in original).

[56] See "Conclusions" *in Systems for Nuclear Auxiliary Power: A Report by the Commission—1964,* TID-20103 (Washington: U.S. Atomic Energy Commission, February 1964). (Copy from DOE archives. Emphasis in original.)

[57] Letter to Seaborg from Welsh (NASC), February 7, 1964. (From DOE archives.)

[58] "Agreement Between the Atomic Energy Commission and the National Aeronautics and Space Administration on Space Nuclear Systems" (proposed agreement, attached to memorandum for Chairman and the Commissioners prepared by AEC General Manager, January 22, 1965). (From DOE archives.)

[59] "AEC Creates Division of Space Nuclear Systems: Harold B. Finger Named Director," AEC public announcement, June 17, 1965. (From DOE archives.)

[60] From Hearings *Before the Joint Committee on Atomic Energy, Congress of the United States Eighty-ninth Congress First Session on Space Nuclear Generators,* August 6,

965, Washington: U.S. Government Printing Office, 1966, p. 10.

[61]　Organization charts taken from "Appendix 4 . . . Address by Harold B. Finger . . . [to the] Atomic Industrial Forum 12th Annual Conference . . . Washington, D.C, November 17, 1965"; in published proceedings of Hearings *Before the Joint Committee on Atomic Energy (On Space Nuclear Power Generators), August 6, 1965* (Washington: U.S. Government Printing Office, 1966), p. 251.

第五章

月球竞赛的激励

动荡岁月中的难忘成就

在 20 世纪 60 年代的后 5 年，各种事件形成了鲜明的对比。奇妙的太空成就 (阿波罗 8 号的宇航员绕月球飞行并传回了壮观的照片 [1]，登月验证了许多假设，阿波罗 13 号的近乎灾难证明了后备支持系统的有效性) 与反复发生的国家悲剧和日益严重的内乱共同成为人们关注的焦点。

RTG 计划虽然从与太空胜利的关联中获得了动力，但不能完全免于受到内乱和国家陷入越南战争所引发的日益加剧的分歧的影响。战争不仅开始主导印刷媒体和电视报道，而且开始主导联邦资金的分配。太空计划因此受到影响。

1966 年，《航空周刊》评论越南战争的又一次平静时，将其视为一次停顿，它 "可能有希望导致有意义的谈判，但 [它] 更可能只是这场冲突进一步升级的前奏"。[2] 事实证明确实如此，政府的资金分配反映了优先级的转变。尽管 1967 年 1 月肯尼迪角 ① 发生的阿波罗号大火延缓了发展速度，且与此同时 NASA 的预算开始逐步

---

① 原为卡纳维拉尔角，1963—1973 年被称为肯尼迪角。——译者注

下降，但是技术仍然朝着载人登月的方向发展。

AEC 用于空间核应用的预算也受到越来越严格的审查。最终，首先是更受吹捧的核推进工作，其次是空间动力反应堆计划，均强烈地感受到了预算紧缩。早期获得少量资助的 RTG 计划，在这一时期开始时得到了 NASA 合同的推动，并在这 10 年中保持了稳固的地位——保持扎根于既定任务的同时不断为其装置寻找新的角色。

57 营造势头

60 年代初期的真实的太空奇观 ① 需要经历数年的发展才能成熟壮大。第三次携带 SNAP-9A 的子午仪号卫星在 1964 年 4 月中止后，又过了 5 年，另一个 RTG 才成功服役于太空任务。由于准备在 NASA 任务中使用同位素电源，经验表明，安全性将继续受到主要关注。事实上，在这 10 年的后 5 年，安全方面的重大变化是 RTG 故事的重要组成部分。安全概念和程序发生变化的一个原因是发射升空的放射性燃料量大幅增加。在 60 年代初，用于子午仪无人任务的 SNAP-3 装置仅携带 1800 居里的钚 -238，而 1969 年服役于阿波罗 12 号载人登月任务的 SNAP-27 携带了 45 000 居里的钚 -238。[3]

在 20 世纪 60 年代后期，于 60 年代中期实施的组织变革对更高功率需求的 NASA 任务产生了两个重大影响：(1) 逐渐增加了 RTG 研发工作的规模和装置中放射性燃料的用量；(2) 使技术支持与行政支持得到调动和下放，以便更多地发挥 AEC 和 NASA 偏远的实验室和其他设施的作用。

在描述 AEC 和 NASA 核空间计划的新组织安排时，哈罗德·芬格指出，这些变化将 AEC 在空间核系统方面的所有工作整合到该机构新的空间核系统部。该部门还汇集了 AEC 和 NASA 在空间核系统方面的所有工作，以便该计划可以以协作的方式推进。新的安排允许所有肩负责任的 AEC 和 NASA 人员，包括这些机构实验室

---

① 指 1961 年搭载 SNAP-3B 的两次子午仪号导航卫星任务。——译者注

的人员和总部的人员[4]，对计划进行审查和讨论。根据新安排，当特定核电系统将用于特定任务时，AEC 人员被分配到肩负责任的任务中心。哈罗德·芬格解释了这项政策的基本原理：

> "对于必须进入航天器以使其运行完全成功的子系统，它们必须如此紧密地相互关联，它们的运行特性必须如此紧密地结合在一起，以至于对其中任何一个子系统的更改都可能对航天器中的任何其他子系统产生重大影响。此外，任务发射日期取决于航天器的每个组件；必须为所有子系统建立统一的进度表和管理控制。只有通过建立紧密的和密切的工作关系，才能确保这种协作……"[5]

哈罗德·芬格将 AEC 旗下的实验室视为"大型技术组织，它们在这项工作所涉及的大多数学科中具有深厚的能力，并且还拥有可应用于同位素电源开发计划的测试设备……同时又为在这一快速扩大领域中加强管理的一种手段。"然而，为了与 NASA 和 AEC 促进广泛工业能力发展的政策保持一致，哈罗德·芬格呼吁并将依靠工业界"开发和提供任务应用所需的同位素电源系统，并……发展该领域的先进能力。"[6]

责任下放的一个主要特点是将 AEC 同位素电源开发计划的技术指导委托给位于新墨西哥州阿尔伯克基的圣地亚公司，这是一家 AEC 旗下实验室，已经在负责 SNAP 安全测试工作。尽管它在同位素热源方面的经验有限，但圣地亚公司被认为具有丰富的系统分析经验，以及对 AEC 空间系统开发的最全面理解能力。在选择圣地亚公司时，哈罗德·芬格还考虑了将航天安全工作与电源系统设计和开发工作紧密结合的重要性，他认为，圣地亚公司的安全工作"定义了设计条件，应作为系统设计和开发活动的直接组成部分纳入其中"。[7]

哈罗德·芬格回忆说，他特别看到了"明确这项技术不再是单个机构的职责范围"的重要性。此外，1965 年以后上线并使用 RTG 的复杂新系统需要非常强大的专业技术——实验室技术能力可以提供最好的这种技术保障，而不再由项目的中央总经理提供。他强调了他的信念，即必须将总体责任移交给任务机构——负责将包括 RTG 在内的所有组件和子系统集成到最终任务系统中的机构。

59 "如果一开始就有问题，"他在考虑扩展 AEC 和 NASA 联合业务时说，"我觉得需要进行更多的测试。AEC 的 RTG 研发人员一直在小本经营 ①，他们真的不能理解需要测试的程度。"相比之下，要开发更大系统并将 RTG 集成使用的 NASA，则习惯于进行大量测试。[8]

伯纳德·洛克 ② 回忆起 NASA 的任务是如何影响他自己的方向。"我是技术背景出身，但我很快就看到了管理在 NASA 计划中的重要性；我感觉到这种对管理的关注是正确的。于是，我去参加了一些工程管理课程学习。"回顾为 RTG 计划安排的 NASA 后续主要任务，他说："雨云号计划确实让我成长很多。我认识到我们必须工作更细致。随后的阿波罗计划在规模和复杂性上比雨云号要大很多数量级。"[9]

AEC 提出的预算需求从 1965 财年的 630 万美元增长至 1966 财年的 1250 万美元 [10]，从这一事实可以看出阿波罗计划的规模。这个数字还不包括其他机构（如 NASA 和国防部）在空间同位素推进动力方面投入的经费。仅就 RTG 而言，AEC 在 1964 和 1965 财年花费了大约 300 万美元，预计在 1966 财年将花费超过 800 万美元用于空间同位素燃料辅助电源系统的开发。[11]

1966 年年初，由于 RTG 计划想要扩展新的任务应用，因此哈罗德·芬格对维持整个空间核计划发展势头的相关问题保持密切关注。3 月，在准备向副总统休伯特·汉弗莱介绍太空核系统工作进展时，哈罗德·芬格强调说，除非太空计划能够"证明在阿波罗任务之外还需要为使用新系统的特定任务专门提升推进和电源能力"，否则很难获得国会的支持。[12]

计划的驱动力与 NASA 高级管理人员有关，因为他们试图定

---

① 指前期的 RTG 计划预算偏小，资金不足。——译者注

② 在 20 世纪 60 年代中期组织变革时，他是一名项目工程师，后来成为 RTG 计划主任。——原文注

义阿波罗计划之后的研究和开发任务。用 NASA 副局长小罗伯特·西曼斯 ① 的话来说，"现在投入使用的能力不能被封存。"[13] 然而，当 NASA 在其 1967 年财政预算申请中试图突破已持续了 3 个财年的预算天花板 (52 亿美元)，并为阿波罗扩展系统计划筹备资金时，即将到来的前景是削减而不是增加。某太空期刊评论员在 1966 年 2 月谈到了 NASA 的预算问题及其对额外资金的需求：

> ……越南战争的巨大消耗破坏了这一美好的前景，NASA 发现它甚至无法保持其预算的原有水平。尽管在撰写本文时最终数字尚未披露，但似乎很可能不到 50 亿美元，这是该航天机构短暂历史上的第一次重大倒退。[14]

社会和政治因素对国家太空计划及其 RTG 装置的影响越来越大。尽管如此，RTG 计划清单中的主要项目使该计划度过了 10 年——实现了重要的技术发展，并在登月竞赛的胜利中获得了荣誉。2 台 SNAP 装置在 NASA 任务中发挥了重要作用，这些任务需要 AEC-NASA 的密切协作，这成为 60 年代后半段的标志。SNAP-19 成为 NASA 的雨云号气象卫星的辅助电源，SNAP-27 为除前者外的所有阿波罗任务留在月球上的阿波罗月球表面实验包提供电力。这两个具有里程碑意义的 RTG 及其雨云号任务和阿波罗任务，在 RTG 计划的历史中值得被特别对待。

测试雨云号

1963 年 7 月，NASA 向 AEC 提出了一项请求，以确定将 50 瓦 RTG 用于雨云号气象卫星的可行性。该请求导致 AEC 与 NASA 合作开展同位素系统设计和集成研究，并促使 NASA 完成了对 SNAP-19 的需求定义。在 NASA 气象卫星雨云号上使用 SNAP-19 是 RTG 计划的一个十字路口。 它导致了对安全程序的重大概念重构，并且成为 NASA 在阿波罗和其他太空任务中使用 RTG 的前奏。

---

① 小罗伯特·西曼斯自 1951 年起担任 NASA 助理局长，在 1965 年 12 月副局长休·德赖登去世后于 1966 年 1 月成为副局长。——原文注

61 　米尔顿·克莱恩① 回忆说，从事 RTG 计划的人们一直要求 NASA 定义使用 RTG 的任务，但在阿波罗计划之前，他们得到的只是试飞任务。[15]

　　然而，通过雨云号任务，RTG 计划获得了一个测试机会，这是通往太空奇观的大门。早期的雨云号宇宙飞船完全由太阳能电池供电；作为使用 RTG 的可行性试验，雨云 B 号卫星携带 2 个同位素装置作为太阳能电池的辅助电源。洛克说："雨云号是一项向民用空间界展示 RTG 工作能力的试验，正如子午仪号对军用空间界一样。我们需要这个试验。在雨云号之后，NASA 对 RTG 做出了承诺，阿波罗计划将我们② 从'一种低级别的行动'提升为'一项重大努力'。"[16]

　　根据 SNAP-19 的设计，可提供一个 30 瓦的发电器。雨云 B 号航天器使用了两台此装置。1965 年 9 月，AEC 与 NASA 签署正式协议，计划雨云 B 号航天器将于 1967 年某个时候发射。[17]

　　AEC 和 NASA 关于 SNAP-19 的协议是两个机构之间关于 NASA 航天器用 RTG 的所有协议的原型。协议承认，两个机构都认识到 RTG 在"应用于某些长期太空任务时"优于其他太空电源概念的潜在性能优势，并且需要通过 AEC 和 NASA 之间的合作努力"以确保有效的系统开发和航天器集成……"该协议涵盖了用于雨云 B 号航天器的 SNAP-19 电源以及其他可能以书面形式同意的电源装置。[18]

　　安全问题是雨云号应用 SNAP-19 过程中的主要问题。"在雨云号之前，"迪克斯说，"我们的安全概念是'再入时的烧毁'。但是现在我们要面对 34 000 居里的放射性物质，这将是大气放射性物质总量中相当大的一部分。我们与太空委员会进行了一些糟

---

　　① AEC 和 NASA 联合空间核推进办公室的副经理，是哈罗德·芬格的下属。1967 年 3 月，哈罗德·芬格接受 NASA 的新职位后，克莱恩接替他担任联合办公室经理和 AEC 空间核系统部主任。——原文注

　　② RTG 计划参与方，包括人员和机构。——译者注

糕的会谈。针对雨云号的第一次跨机构核安全审查小组会议就是一次血淋淋的教训。"[19] 该会议的审议导致了 SNAP 装置的设计变更和安全概念修订。

根据 SNAP-9A 的应用经验和考虑到 SNAP-19 燃料用量的增加，SNAP-19 的燃料形式已从"钚金属"变为"在燃料舱中携带小型微球形态的氧化钚"。在 SNAP-3 和 SNAP-9A 上，安全概念要求钚金属在再入大气层时燃烧并变成分子颗粒，这些颗粒将无害且极少量地分布在生物圈中。针对雨云号提出的第一个安全概念是，在再入大气层时，燃料微球将随燃料舱烧毁而耗散，并形成直径 50 至 150 微米的 BB 状颗粒落到地球上——直径太大而无法被生物体吸入。然而，在艾姆斯研究中心进行的测试表明，这些微球将碎裂成可以被吸入的尺寸。雨云号的第二个方案是采用了"完整再入和撞击破裂"的概念：燃料舱由一个石墨块包裹；再入大气层期间，石墨块幸存下来 ①，其中包裹的燃料舱和钚燃料变成了一种"冷冻布丁"；在撞击地球普通土壤时，石墨块会破裂，使里面的"布丁"分散在撞击形成的一个小陨坑中。[20] 第三个方案是采用了"完整再入和完好无损"的概念：燃料舱由难熔材料制成，再入期间不会熔化；包含钚燃料的燃料舱在撞击地球后保持"完好无损" ②，可作为一个整体被回收。

马丁公司核部门（现为特励达公司）的保罗·迪克回忆起实现这一安全概念变化所需要的"崩溃"般的努力。"一天早上，我们被鲍勃·卡彭特叫到日耳曼敦，告诉我们在雨云号上的安全概念无效了。我们有 6 个月的时间来开发一个'完整再入'的同位素热源。"马丁公司核部门的盖伊·林库斯回忆说，在有段时间内，我们在这个项目投入了大部分员工。迪克斯自豪地指出："我们成功地完成了这项工作，尽管我认为没有人相信我们能做到，但我怀疑今天我们是否

62

---

① 仅有一部分烧蚀效应，但未破裂。——译者注

② 在撞击地球后，燃料舱并非完全"完好无损"，它将产生不同程度的形变、裂纹、蠕变等，但仍然使钚燃料保持密封状态，无法泄漏至外部环境；因而，"完好无损"更多是指钚燃料的未泄漏状态。——译者注

能在 6 个月内完成这种转变。今天更多的机构提出了更多的要求。"[21]

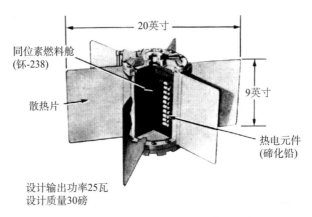

48

SNAP-19 放射性同位素发电器基本特征的剖视图

SNAP-19 由马丁·玛丽埃塔公司核部门开发，经过修改后用于 NASA 任务，从雨云号气象卫星开始，还包括前往木星的先驱者号和前往火星的维京号。（来源：美国能源部档案馆）

"完整再入"热源的开发活动于 1967 年 3 月启动。[22] 当年年底，在评估了与整个任务不同阶段相关的各种类型的风险后，跨机构核安全审查小组建议批准发射。这并没有消除异议，尤其是来自 AEC 监管主管哈罗德·普莱斯的异议，他公开表明了以下观点：

> ……由 SNAP-19 及雨云 B 号任务失败而导致人员暴露①的风险似乎大于与核反应堆设计基准事故相关的风险。出于这个原因，我们无法同意启动任务的建议。另一方面，我们无法评估任务的重要性或从中获得的潜在利益，因此我们不建议反对。[23]

63

1967 年 12 月，AEC 批准了发射任务。在太空委员会的推荐下，约翰逊于 1968 年 1 月批准了发射任务。[24] 发射的前几天，西博格向 NASA 的韦伯和国防部的约翰·福斯特致信，建议"启动一项国防部、NASA 和 AEC 的联合计划，以提高定位和回收在太空行动

---

① 暴露在环境中并接触放射性物质——译者注

中丢失的核源的可能性……"[25]

林库斯描述了他对 1968 年 5 月 18 日范登堡发生的事件的看法，当时雨云 B 号在发射升空两分钟后中止："我们都在 NASA 戈达德①观看发射过程，突然间，这些 NASA 人员都坐了下来，摘下他们的耳机。"[26] 时任戈达德雨云号项目总监的哈里·普莱斯称其为"对我们所有人来说都是一次可怕的经历。我们立即重写了新闻稿。面对这样的提前中止事故，我们真的没有准备好 [相关信息]。在那些日子里，我们最担心的事情就是发射台爆炸。"[27] 后来发现，是制导陀螺的人为设置错误导致了雨云 B-1 号在发射后很快偏离了航线。在飞行约 120 秒，达到高度约 100 000 英尺时，靶场安全官发出了自毁信号；因此，RTG 没有离开地球大气层，也没有重新再入大气层。据估计，阿金纳运载火箭上面级上部 (包含航天器和 RTG) 已在圣巴巴拉海峡"圣米格尔岛以北大约 2 至 4 英里处"坠落。据说该地区的水深大约从 300 至 600 英尺不等。[28]

1968 年 10 月，RTG 从圣巴巴拉海峡被回收。海军搜索未能找到航天器。 迪克斯称赞圣地亚公司的山姆·麦卡利斯，他的分析结果准确地指导了对 RTG 的搜索。迪克斯还赞扬了乔治·奥格本的工作，他负责带领自己的工作人员开展紧急行动，长时间在波涛汹涌的海峡处理回收过程中遇到的问题。迪克斯回忆说："圣地亚公司派了一艘潜水器在那个地区搜索，我们问他们：'你们能沿途搜索到那个点位吗？'②那个地区有可怕的湍流。尽管如此，他们在 9 月 27 日发现了 RTG，并在 2 周后回收了它。"[29] 媒体很快刊登了雨云 B 号航天器躺在 300 英尺深的海底的照片，并援引了在航天器残骸附近回收 SNAP-19 核电源的消息。[30] 燃料舱被送回土墩实验室，燃料被重新使用。

RTG 安全计划，虽然没有经历真正测试以验证其"完整再入大气层"的新概念，但它已经通过了实用测试，并且在记录中没有留

64

---

① 戈达德太空飞行中心 (Goddard Space Flight Center) 的简称。——译者注

② 那个点位指航天器及其 RTG 坠落于海底的位置。——译者注

下瑕疵。在当年夏天结束之前，NASA 公开宣布，计划在 1969 年春季发射一颗搭载 SNAP-19 电源的备用雨云 B 号气象卫星作为替代。[31] 这颗雨云 B-2 号卫星的发射批准程序进展顺利。尽管为了使用一种效率稍低但更稳定的热电转换材料，SNAP-19 燃料装载量略有增加 [32]，但在申请上报后很快获得批准，因为已对本次任务的核安全方面进行了跨部门审查，以防止类似 1968 年 5 月 18 日的飞行失败再次发生。[33] 第二颗搭载 SNAP-19 的雨云号卫星于 1969 年 4 月 14 日成功发射。

49

在海床上的 SNAP-19 热源

SNAP-19 热源在雨云号气象卫星任务 (1968 年 5 月 18 日发射) 中止后坠入圣巴巴拉海峡，该任务测试了 NASA 的首次 RTG 使用；RTG 热源被回收，并重新使用，后续雨云号发射任务提供了对 RTG 的成功测试。(来源：美国能源部档案馆)

普莱斯在过去 10 年里指导了 NASA 气象卫星项目，从雨云号项目总监的角度来看，他说："事实证明，RTG 确实不太适合像雨云号这样的近地任务。但我们的太阳能电池一直有问题，同时 RTG 人员把这些装置甩给我使用。"普莱斯对此持保留意见，因为"安全问题如此之大，即使这一切都是由 AEC 负责买单，但也导致了我们的额外开支。我们聘请了一些专家来监督他们……在雨云号的其余任务中，我们认为不值得为使用 RTG 而烦恼、争辩、审批和安全测试。太阳能电池更加合适。"[34]

无论情况有多令人失望，任何负面反应都不足以阻碍 RTG 计划与 NASA 合作的前进步伐。至少在最高决策层，这些装置已经证明了自己适用于太空任务——近 10 年来创建的伟大技术壮举说明了这一切。

乘阿波罗之势

韦伯看到了将人类送上月球并将他安全带回地球的驱动力，以此证明美国已经具备利用其技术完成几乎任何事情的能力。阿波罗计划的技术进步包括 SNAP-27 型 RTG，以及计划要求的 5 800 000 磅推进剂燃料[35]，与用于发射携带 RTG 的早期航天器所需的 100 000 磅形成鲜明对比。

从另一个技术前沿角度看，科学家们有兴趣尽可能多地从载人登月计划中学习，并设想人类在月球上建立科学站，传输相关实验数据，包括月球表面振动、月球对太阳和地球磁场波动的全球响应以及月球大气中低浓度气体的变化等数据。[36] 这些想法在由本迪克斯公司航空系统部承担的阿波罗月球表面实验包研制合同中得到了具体体现。从第二次登月任务阿波罗 12 号开始，在每个着陆点都部署了一个实验包。

为了扩大 RTG 工业基础，提升公司的相关科技能力，AEC 在 60 年代中期鼓励马丁公司以外的公司积极参与新型空间同位素电源装置开发，要求它们提出基于钚-238 燃料、电功率 75 瓦的方案建议。[37] 1965 年 6 月，通用电气公司获得了一份价值 460 万美元的合同，用于研发 SNAP-27，当时该装置将应用于 NASA 的勘测者号月球漫游车。然而，在这一年内，NASA 要求 AEC 为其阿波罗任务中的月球表面实验包开发一台发电器。此时，SNAP-27 项目被重新调整以满足阿波罗月球表面实验包使用要求。到 1966 年春天，通用电气公司合同的第二次修改获得批准，此时 SNAP-27 项目的成本估计超过 1000 万美元。正在开发的 RTG 装置现被定义为"用于阿波罗月球表面实验包的 50 瓦放射性同位素电源系统"。[38] SNAP-27 将是留在月球上的阿波罗月球表面实验包的唯一电力供给。

根据通用电气公司的 SNAP-27 项目经理奥古斯丁·皮特罗洛的说法，通用电气公司的比尔·米拉德提出了在月球上"插入供电"的想法。NASA 后来进行了一项研究，旨在确定月球表面实验的供电需求并审查使用 SNAP-19 的可行性，研究结果导致 NASA 要求 AEC 开发 SNAP-27。皮特罗洛解释说，SNAP-27 无法在无人航天器上工作，因为它依赖于让宇航员在月球上将燃料热源插入发电器。[39]

66　　SNAP-27 项目是美国最负盛名和最具挑战性的太空计划——阿波罗登月计划——的一部分。皮特罗洛描述了着陆过程："我们必须解决你能想象到的每一个问题。你必须理解阿波罗计划在推进过程中所承受的压力。按照最初的阿波罗发射计划，我们只有 2 年的准备时间；最优质的 RTG 绝不会就位并供我们使用。"1967 年年初的肯尼迪角火灾将整个阿波罗计划推迟了大约 1 年，这使得 SNAP-27 项目能够赶上进度并提供高质量的装置来为阿波罗月球表面实验包提供电力。

遇到的第一个也是最大的困难之一是从所使用的材料中获得可预测性。SNAP-27 团队致力于使用 3M 公司的碲化铅热电偶，他们必须自己了解碲化铅工艺。其他任务包括学习如何连接和涂覆用作外壳材料的铍金属。除此之外，还有许多安全问题。最大的挑战之一是将 RTG 安装在登月舱上，该舱将两名宇航员从指挥舱运送到月球表面。重量是一个主要问题。此外，登月舱不是再入飞行器；它会留在月球表面。然而，根据任务规划者的说法，RTG 必须在其上进行运输。这意味着必须建造一个仅用于携带 RTG 燃料舱的再入容器。RTG 开发人员被告知，这个容器的重量限制在 7 至 12 磅之间。[40]

"哈里·芬格 ① 拯救了我们的项目，"皮特罗洛说。"当我们拿到460 万美元的合同后第一次向他提出我们的想法时，他说：'你以成功为导向，但你没有所需的技术基础。'"哈里·芬格随后在国会为项目辩护以获得更多资金。他在国会的成功使通用电气员工有机会扩展他们的能力，可以自主地进行必要的测试、了解材料特性和参与安全工作。皮特罗洛报道说："后来哈里·芬格告诉我们：'现在我相信，如果你们遇到麻烦，你们就能解决麻烦。'"[41]

SNAP-27 项目是一种如哈里·芬格所说的"扩大技术支持基础"的例子，随着 RTG 计划参与到更复杂的空间任务系统中，这是必要的。根据皮特罗洛的说法，SNAP-27 项目预算的构成包括燃料资金（土墩实验室）、圣地亚公司技术支持资金（以及分配给其他实验室的单独安全资金）和通用电气公司预算，其中包括一些资金用于安全分析。通用电气人员不仅在发电器的材料和其他关键方面拥有了自己的能力，还进行了许多安全测试，有时会去阿尔伯克基使用圣地亚公司的测试设施。"我们在圣地亚公司用雪橇进行了很多冲击测试，"皮特罗洛说，"我们对热燃料舱做了很多工作。请记住，从月球返回的再入速度和加热率远高于地球轨道任务。"圣地亚公司经常进行独立测试，以验证通用电气公司提供的数据。[42]

到第一次登月任务时，该项目发生了人事变动。在肯尼迪角发生火灾之前，韦伯曾要求哈罗德·芬格 ② 领导一个研究 NASA 组织架构的工作组。1967 年 3 月，火灾发生后，韦伯任命哈罗德·芬

67

---

①　哈里·芬格是国会议员。——译者注

②　哈罗德·芬格，曾任 AEC 空间核系统部主任、AEC-NASA 空间核推进办公室经理、AEC-NASA 联合项目办公室经理。——译者注

格担任 NASA 组织和管理副局长。哈罗德·芬格再也没有回到空间核领域工作。他在该项目的职位被克莱恩取代了。

韦伯在 1968 年大选前不久从 NASA 退休，尽管他答应约翰逊，在需要的情况下，他可以继续在 NASA 履行职责。[43] 韦伯说，他做出这一举动是要给即将上任的尼克松政府和登月竞赛的最后阶段扫清道路。他还说："[在阿波罗 8 号、9 号、10 号上] 我采取最后行动时本应该缓慢一点。在 1967 年的火灾之后，我们无法忍受更多的不幸。但是潘恩①[他在 NASA 的继任者] 按照修订的时间表一步一步地向前推进，没有延误。"韦伯对这一结果感到满意，也对他自己所做的努力及其取得的成功感到高兴。[44]

早在 1968 年 10 月 10 日，西博格就在 AEC 收到非官方消息，称 SNAP-27 将不会用于首次载人登月。[45] 当这一决定得到确认后，他收到了分管载人航天的 NASA 副局长乔治·米勒的解释：

> ……我们已经将关注重点放在所涉及的一些问题上。第一次月球着陆任务在地球轨道运行基础上向前迈了一大步……$g/6$② 的月球表面环境将是一次全新的体验。我们无法在地球上完全模拟这种环境。我们发现……我们根本没有像我们想要的那样多的代谢数据来以高置信度预测 $g/6$ 环境中的代谢速率。只有通过有根据的推测，才有可能理解宇航员在月面上操控的困难，或者知道他完成指定任务所需的时间。[46]

米勒继续向 AEC 主席保证：

> 不在第一次任务中携带阿波罗月球表面实验包是由部署所需的时间所决定，而不是因为使用 RTG 的任何问题。我向你做出最强有力的事先保证，第二次任务将携带阿波罗月球表面实验包。我还预测，随着月球探测的进行，RTG 将在未来得到重要应用。[47]

---

① 托马斯·潘恩，继詹姆斯·韦伯之后的 NASA 局长。——译者注

② 地球的重力加速度 $g=9.8 \ m/s^2$，月球表面的重力加速度为地球的 1/6，即 $g/6=1.63 \ m/s^2$。——译者注

RTG 团队和通用电气公司的 SNAP-27 开发人员像大多数美国人一样，以着迷的电视观众的身份观看了仲夏时阿波罗 11 号历史事件和尼尔·阿姆斯特朗的"人类的一大步"。到 1969 年 11 月，随着阿波罗 12 号任务的进行，其中一些人已不仅仅是普通观众。皮特罗洛于 11 月 14 日在肯尼迪角参与现场发射。当时是一个雨天，云层极低，导致运载火箭在升空后不久就从视野中消失了。然后在发射半分钟后，据报道，由于一道闪电击中了航天器并打开了主断路器，发生了电源故障。皮特罗洛想："我的上帝，我们要中止发射了。"但是当宇航员皮特·康拉德报告说："我们把世界上的一切都丢掉了。"任务控制中心回答说："我们这里也有几次心脏骤停。"[48]

当任务进行至月球表面时，皮特罗洛正在休斯敦的任务控制中心，宇航员艾伦·比恩部署了阿波罗月球表面实验包并准备启动 RTG。到那时，美国的第二对月球漫步者已经让电视观众着迷于他们轻松的举止和在月球表面"兔子跳"的样子。但随着 RTG 的关键时刻临近，电视传输却中断了。月球表面对话记录反映了比恩在试图从登月舱的石墨桶中取出钚 -238 燃料舱以便启动 SNAP-27 时遇到的问题：

> 康拉德："休斯敦，这真的令你们发疯，……艾伦把工具装上，一路拧下去，发现无法从套件中取出燃料元件。于是，他把工具卸下来，然后再做一次。"
>
> 比恩："我告诉你我担心什么，皮特。如果我把它拉得太用力，这是一个非常巧妙的锁定机制……只是感觉到里面有点热、有点胀之类的。它不想出来……快出来，淘气鬼。"[49]

皮特罗洛认为真正的问题是，在拆除盖子后，机组没有像预期的那样迅速冷却，也没有达到拆卸演练时的温度。[50] 最后，用锤子敲打工具，使其更好地抓握 [燃料舱]。终于，燃料舱出来了，启动了 RTG。SNAP-27 开始按计划和预期为阿波罗月球表面实验包提供电力。

69

50

用于阿波罗 12 号的 SNAP-27 装置

　　在阿波罗 12 号任务 (1969 年 11 月 14 日发射) 中，站在月球表面的艾伦·比恩从月球旅行登陆舱的携带桶中取出热源，并将其插入位于他脚边的 SNAP-27 中；从阿波罗 12 号开始，阿波罗宇航员在月球表面留下设备开展科学实验，这些设备均由 SNAP-27 供电；多年后，这些科学实验被停止，尽管 RTG 电源仍能满足使用需求。(来源：NASA 档案馆)

这种"安静技术"在月球表面支持作用并没有受到公众的高度关注，但它却见证了一场真正壮观的太空胜利。科学家们对阿波罗月球表面实验包的反应很明显：

> 与之前阿波罗 11 号登陆任务期间留在月球上的较小实验包相比，一位科学家通过以下方式表达了阿波罗月球表面实验包成功部署和运行的重要性：
>
> > "这确实是一个巨大的飞跃，可能是我们探索月球的最大飞跃。不是说我们不会做更多更好的事情，但这是第一个巨大的进步。"[51]

随着时间的推移，有关阿波罗月球表面实验包和 RTG 的报道继续出现在新闻中。

1970 年 4 月，皮特罗洛在肯尼迪角参加了阿波罗 13 号的发射——"美好的一天，一次漂亮、完美的发射。"某个晚上他回到家正躺在床上，在凌晨 3:00 接到卡彭特的电话时，这种情绪突然发生了变化。"我立刻拿起电话，"他说，"因为我醒着躺在那里。所以当卡彭特说：'哦，你听说了吧！'我说'听说什么？'然后他告知了阿波罗 13 号的爆炸，并说'它们可能会以比正常速度更快的速度返回。'"正如全美国人得知的那样，宇航员正在使用登月舱及其生命支持系统和发动机作为救生艇回家。任务控制中心正在制定计划让他们重新进入指挥舱，并在再入大气层之前将登月舱与其分离。皮特罗洛召集他的人员准备计算高于正常速度时 RTG 的再入问题。然而，实际情况是 RTG 达到了正常的再入轨道和速度，正如针对这种中止类型在发射前安全审查中计算的那样。分离的登月舱如预期的那样在再入大气层时解体，而石墨包裹的钚 -238 燃料桶在解体过程中幸存下来，并完好无损地沉入了 20 000 英尺深的汤加海沟，与"救生艇模式"下任务中止的预计情况一致。[52]

当核电源装置返回地球时，公众对辐射危害没有明显的担忧。在休斯敦，卡彭特与哥伦比亚广播公司一起通过国家电视台向公众保证没有危险，热源不会在再入时烧毁，并且会无害地落入太平洋深处。事实证明，对这个问题的兴趣仅限于"记者正在构思新闻"时询问"这个涉核物品怎么样了？"迪克斯记得只收到公众的两个问询，一个来自加利福尼亚的牙医，另一个来自澳大利亚的一所法学院。皮特罗洛怀疑"普通公众是否非常了解阿波罗任务中的核问题以及那次中止的任务。当然，我们非常警觉，非常了解。"[53]

AEC 继续关注阿波罗 13 号的中止事件。AEC 于 1970 年 4 月 28 日发布的新闻稿回应了有关 SNAP-27 再入大气层的公众询问：

> 阿波罗 13 号登月舱释放的 SNAP-27 燃料桶预计撞击区域上空的空气采样显示，未测到任何高于大气辐射本底的迹象。没有额外的辐射表明，装有钚燃料的容器已按设计在再入大气层的高温中幸存下来，完好无损地坠落在南太平洋并沉入海底。[54]

全国人民对这场现已获胜的比赛 ① 表现出兴趣减弱的迹象。甚至在阿波罗 13 号发射之前，某贸易媒体上的一项评估就认为：

> 阿波罗 12 号机组人员的世界巡演被一些 NASA 官员视为公关失败，他们反对即将到来的阿波罗 13 号机组人员进行类似的巡游。与阿波罗 11 号机组人员巡游期间的盛况相比，阿波罗 12 号机组人员的游行和招待会上的人群明显减少，热情也有所下降……阿波罗 13 号的采访记者证申请数量也大大低于之前的飞行任务……[55]

RTG 计划兑现了其完成阿波罗任务的承诺。但是，载人登月竞赛美好时代的势头和民族精神再也未能重现。NASA 计划了在阿波罗之后的壮观景象——特别是载人任务以及前往其他行星或进一步月球探索，但在 20 世纪 70 年代的预算紧缩中失败了。尽管如此，即使在 AEC 空间核动力的其他方面步履蹒跚之际，RTG 计划还是找到了保持自身适度发展势头的方法。如果没有更多诸如阿波罗计划的超级任务在太空中需要电力供给，那么还有其他航天器可以

---

① 在登月竞赛中，美国已战胜苏联，因而称之为"现已胜出的比赛"，即表示美国人对阿波罗计划后续任务已无兴趣。——译者注

执行非常有趣的太空任务，它们可以并且将会利用同位素电源的独特能力。

参考信息来源

[1]　A good account of this (and other) APOLLO missions appears in Edgar M. Cortright (editor), *Apollo Expeditions to the Moon* (Washington: National Aeronautics and Space Administration, 1975).

[2]　"The Long War" (by Robert Hotz), *Aviation Week & Space Technology*, January 3, 1966, p. 11.

[3]　Information on changed fuel amounts taken from *Nuclear Safety of Space Nuclear Power Systems* (by George P. Dix), no date, U.S. Atomic Energy Commission. (Document supplied by Mr. Dix at time of personal interview.)

[4]　See "Address by Harold B. Finger… [to the] Atomic Industrial Forum…," op. cit, p. 250.

[5]　*Ibid.*, pp. 252-253 (offset quotation, p. 253).

[6]　*Ibid.*, p. 253.

[7]　Description of Sandia taken from memorandum from Harold Finger to Assistant General Manager for Reactors, AEC, "Assignment of Space Isotope Power to an AEC Laboratory," October 18, 1965. This memorandum actually describes discussions with, and strengths and weaknesses of, *three* candidate AEC labs (Brookhaven, Oak Ridge, and Sandia) prior to the selection of Sandia. Information on Sandia, pp. 6-7. (From DOE archives.)

[8]　Information in this paragraph taken from personal interview with Harold Finger.

[9]　Personal interview with Bernard Rock.

[10]　"AEC Doubles Space Radioisotope Efforts," *Aviation Week & Space Technology*, January 10, 1966, p. 78.

[11]　*Ibid.*

[12]　Memorandum, Finger to Director, Office of Congressional Relations, "Suggested Outline for Discussion of Space Nuclear Systems With the Vice President," March 9,1966. (From DOE archives.)

[13]　Quoted from Robert Seamans' remarks to the National Space Club in November 1965 cited in "Washington Scene: AAP— Wednesday's Child" (by Henry Simmons), *Astronautics and Aeronautics*, February 1966, p. 5.

[14]　"Washington Scene; AAP-Wednesday's Child," (by Henry Simmons), *Astronautics and Aeronautics*, February 1966, p. 5.

[15]　Personal interview with Milton Klein.

[16]　Personal interview with Bernard Rock.

[17]　See memorandum for AEC General Manager from Harold B. Finger, March 1, 1966, "Subject: Memorandum of Understanding between AEC and NASA Concerning the Use of Isotopic SNAP Devices For NASA Space Vehicles." (From DOE archives.)

[18]　"An Interagency Agreement between the Atomic Energy Commission and the National Aeronautics and Space Administration Concerning SNAP Devices for NASA Space Vehicles," no date; however, effective date of agreement shown as September 1965. (From DOE archives.)

[19]　Personal interview with Mike Dix.

[20]　*Ibid.*

[21]　Information in paragraph obtained from personal interviews with Paul Dick and Guy Linkous of Teledyne.

[22]　Information from AEC "Discussion Paper: Use of SNAP-19 Generators on the NASA Nimbus-B Spacecraft," November 13, 1967. (From DOE archives.)

[23]　See memorandum for Chairman Seaborg (and the Commissioners), "Subject: Use of SNAP-19 Generators on NASA Nimbus-B Spacecraft," by Director of Regulation, November 29, 1967. (From DOE archives.)

[24]　Memorandum to Milton Klein and Peter A. Morris (Director, Reactor Licensing) from Secretary AEC, "Subject: AEC 1000/120 — Use of SNAP-19 Generators on NASA Nimbus-B Spacecraft," January 16, 1968. (From DOE archives.)

[25]　Letters from Seaborg to Director DDR&E and to Administrator NASA, May 15, 1968. (From DOE archives.)

[26]　Personal interview with Guy Linkous.

[27]　Personal interview with Harry Press.

[28]　Information taken from letter from General Manager AEC to Executive Director JCAE, May 20, 1968. (From DOE archives.)

[29]　Personal interview with Mike Dix.

[30]　"Nimbus SNAP-19 Generators Recovered" (picture caption), *Aviation Week & Space Technology*, October 14, 1968, p. 16.

[31]　"Second Nimbus-B," NASA news release, June 28, 1968. (From DOE archives.)

[32]　Letter from Acting Administrator NASA to the Vice President, March 13, 1969. (From DOE archives.)

[33]　Letter from the Vice President to Acting Administrator NASA, March 21, 1969. (From DOE archives.)

[34]　Personal interview with Harry Press.

[35]　Information obtained from Mike Dix.

[36]　These identified elements of ALSEPs are taken from Cortright (editor), op. cit, pp. 240-241.

[37]　Memorandum for Chairman Seaborg and the Commissioners prepared by Director Division of Reactor Development and Technology, "Subject: Selection of Contractor for Isotopic Orbital Space Power Unit. " January 14, 1965. (From DOE archives.)

[38]　"Report to the General Manager⋯: Approval of SNAP-27 Program and Authority to Execute Modification No. 2 to Contract⋯ With the General Electric Company for the Conduct of SNAP-27 Work," transmitted by Acting Secretary AEC, April 7, 1968. (From DOE archives.)

[39]　Personal interview with Augustine Pitrolo.

[40]　*Ibid.*

[41]　*Ibid.*

[42]　*Ibid.*

[43]　In a personal interview Webb stressed this point.

[44]　Interview with James Webb.

[45]　Notes of "Telephone Call from George Mueller" (NASA) from Cape Kennedy, 3:00 P.M., October 10, 1968. (From DOE archives.)

[46] Letter from George E. Mueller to Glenn T. Seaborg, November 13, 1968. (From DOE archives.)

[47] *Ibid.*

[48] Information from personal interview with Augustine Pitrolo and from Cortright (editor), op. cit., p. 225. Astronauts quoted from Cortright

[49] Taken from "Exuberance Sets Tone of First EVA," *Aviation Week & Space Technology*, November 24,1969, pp. 19-21, quotation, p. 20.

[50] Personal interview with Augustine Pitrolo.

[51] "Scientists Concede Value of Man in Lunar Experiment Deployment," *Aviation Week & Space Technology,* December 1, 1969, pp. 20-21.

[52] Personal interviews with Pitrolo and Dix.

[53] Personal interviews with Carpenter, Dix, and Pitrolo.

[54] "Response to Queries on SNAP-27 Reentry," by Director AEC Division of Public Information, April 28, 1970. (From DOE archives.)

[55] "Washington Roundup," *Aviation Week & Space Technology*, April 6, 1969, p. 17.

第六章

一项成熟的计划

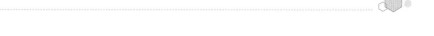

竞争问题

第一次阿波罗任务[①]是恢复美国声望的竞赛高潮，美国声望被认为是由于苏联最初的太空成功而失去的。其余的阿波罗任务[②]都携带了由 SNAP-27 在月球上提供电力的阿波罗月球表面实验包，这标志着美国太空计划的逐步结束。最后一次阿波罗任务的壮观照片为美国载人登月竞赛的谢幕提供了最后一瞥。然而，甚至在此之前，美国正进入一个将关注重点从太空计划转向其他问题的时期。

在纽约市为纪念阿波罗 14 号宇航员而举行的一场游行活动上，有证据表明，公众的优先事项相互冲突。游行路线上的标语写着："白人宇航员飞向月球，黑人儿童死在福利院。"市政厅台阶附近的

---

① 文中所指为阿波罗 11 号任务。阿波罗计划从 1961 年至 1972 年，包含阿波罗 1 号至阿波罗 17 号。其中，7 号至 17 号为载人任务，共 11 次；阿波罗 11 号实现首次登陆月球。——译者注

② 文中所指为阿波罗 12 号至 17 号任务，共 6 次，均部署阿波罗月球表面实验包并携带 SNAP-27，其中 13 号任务失败。——译者注

示威者通过高呼"为孩子们提供面包屑，为月亮提供数百万"[1]，来反驳市长的致辞。一位行业发言人认为，对国防机构的批判越来越多，影响了整个技术领域。他在太空杂志上写道：

> 所有这些 [抗议] 团体都将他们的批判集中在国防机构和"军事工业综合体"上。他们越来越多地将对基础科学和基础技术的追求纳入批评中。[2]

NASA 的 1965 财年预算为 52 亿美元，1971 财年预算被削减至 33 亿美元以下，而当年的民生计划预算为 772 亿美元，国防计划预算为 735 亿美元。[3]

在 20 世纪 70 年代的前 5 年，RTG 计划参与了 7 次成功的太空任务，与该计划在过去 10 年中已知的成功任务数量①相等，该计划始于第一台 SNAP-3A 服役海军子午仪卫星之际。在这 10 年中，另外两项任务雨云 B-1 号和阿波罗 13 号被中止②。通过这一系列成功，即使在整个太空计划正在放缓的情况下，该计划受益于其自身的技术动力而日益成熟。衡量其日益成熟的标准是，即使在核技术失去公众青睐的情况下，以及面临关键联邦机构正在进行组织和人事变动的困境，它也有能力在不断缩小的太空计划中找到任务并解决技术问题。

保持计划的势头

到 1971 年年初，RTG 计划已明确承诺支持多个空间任务，其中大部分属于 NASA，但也为海军的一颗子午仪导航卫星提供电

---

①　此处计算的成功任务次数有误。1960 年至 1969 年，共发射 8 次任务，6 次成功 (子午仪 4A 号、子午仪 4B 号、子午仪 5BN-1 号、子午仪 5BN-2 号、雨云 III 号、阿波罗 12 号)，2 次中止 (子午仪 5BN-3 号、雨云 B-1 号)。1970 年至 1974 年，即 70 年代前 5 年里，共发射 8 次任务，7 次成功 (阿波罗 14 号、阿波罗 15 号、先驱者 10 号、阿波罗 16 号、Triad-01-1X 号、阿波罗 17 号、先驱者 11 号)，1 次中止 (阿波罗 13 号)。——译者注

②　1964 年 4 月 21 日，子午仪 5BN-3 号因运载火箭故障而任务中止，此处漏记。——译者注

力。在接下来的 4 年中，将搭载 RTG 电源系统一起飞行的任务包括：

任务名称	电源型号	发射日期
阿波罗 14 号	SNAP-27	1971 年 1 月 31 日
阿波罗 15 号	SNAP-27	1971 年 7 月 26 日
先驱者 10 号	SNAP-19	1972 年 3 月 2 日
阿波罗 16 号	SNAP-27	1972 年 4 月 16 日
子午仪 (Triad-01-1X 号)	Transit-RTG	1972 年 9 月 2 日
阿波罗 17 号	SNAP-27	1972 年 12 月 7 日
先驱者 11 号	SNAP-19	1973 年 4 月 5 日

NASA 承诺为维京号火星任务提供 SNAP-19 装置。AEC 与通用电气公司签订合同，为 MHW-RTG(数百瓦级放射性同位素温差发电器) 进行"技术准备"[①]工作，预计 NASA 将在这个 10 年后期对行星大巡游任务提出具体要求。与此同时，国防部也向 AEC 提出了为国防部的林肯实验通信卫星开发 MHW-RTG 的要求。

在考虑这一要求时，空间核系统主任克莱恩表达了当时 RTG 计划中存在的一些主要预算问题。克莱恩重点指出了"技术准备"和"开发"的区别。前者被定义为"开展工作直到足以证明所有重大技术问题已被识别，并且解决方案得到充分证明，以便潜在用户相信如果按照实际的任务使用时间表开发，该技术将有效地发挥作用。""开发"被定义为"在技术准备阶段之后进行的工作，以提供适合飞行的合格系统，并为特定任务'定制'系统……"目前的计划情况被澄清如下：

> 在过去几年中，通过减少 SNAP 技术 [准备] 项目来为已明确的任务提供资金。这些削减使 RTG 计划中的技术研究工

74

---

① "技术准备"(technical readiness) 虽然英文字面与我国国家军方标准"技术成熟度等级"(technology readiness levels, TRL) 相似，且与 2005 年公布的航天科学技术名字"技术准备完好率"(technical readiness) 完全一样，但前者与后两者的内涵有显著差别。前者强调为提升技术成熟度的工作阶段，后两者是用以定量描述技术状态及程度的专用名词。——译者注

作所剩无几。因此，用于满足固定用户需求的资金来源基本上不复存在。更重要的是，技术研究活动相当缺乏，这是非常危险的信号，如果继续这样下去，将严重损害核动力系统未来在太空中的使用，并影响太空计划本身。SNAP 计划实际上已经演变成一个"工作车间"，以满足用户机构的近期规划飞行项目，而在未来需要的技术上只投入很少的精力。[4]

尽管存在这些担忧，RTG 计划基本上已成为一个"工作车间"——但它是一个积极的、不断为其装置寻求任务的车间——它在艰难的岁月中保持了发展势头。克莱恩说："阿波罗载人登月计划成功后，绽放的玫瑰就凋谢了。但未来的无人太空任务需要核能，而我们正在为这些任务排队。"[5]

克莱恩在原子能联合委员会会议上就 1972 财年预算请求答辩时，列举了近期成功的历史。他告诉委员会：

> 核能已经在空间活动中发挥了重要作用。22 个月来，SNAP-19 放射性同位素温差发电器……一直在为雨云 Ⅲ 号气象卫星提供辅助电力……在月球上，2 个 SNAP-27 型 RTG 完美工作，在漫长的月球夜晚和月昼为……由阿波罗 12 号和阿波罗 14 号宇航员留在那里的…月球表面实验包提供电力。[6]

展望未来，他告诉委员会，5 次飞行任务 [的 RTG 开发活动] 将得到支持，尽管在飞行相关项目之外的技术研究工作将被限制。前往木星的先驱者号探测器、维京号火星着陆器和海军子午仪号卫星都将使用 RTG。子午仪号卫星的交付计划在当年晚些时候完成。前往木星的先驱者号航天器飞行计划将于 1972 年和 1973 年进行。

由哈罗德·芬格推行的"权力下放"导致的紧缩 ① 开始显现。圣地亚公司开始逐步弱化其主要的技术角色，并且 AEC 计划在 1971 年之前仅继续为该公司提供"质量保证"角色。[7] 1971 年中期，当西博格离开 AEC 时，该计划引起了人们的关注，因为他在技术上非常积极地参与了 RTG 计划，并奠定其地位。[8] 然而，该计划继续履行其使命，同时寻求其他使命。

_____

① 指部门紧缩、机构改革、职能变化等。——译者注

1971 年年底，克莱恩的前副主任大卫·加布里埃尔取代他成为 AEC 空间核系统部主任。1973 年年初，加布里埃尔决定大幅削减空间核推进和空间反应堆动力资金投入，这实际上有助于保持 RTG 计划的地位。致力于发展放射性同位素电源的努力幸存了下来，而其他为发展空间核推进和反应堆动力而投入更多资金的努力则没能幸存。在幸存下来的过程中，RTG 计划在太空核应用领域独占鳌头。1973 年 1 月 AEC 的一项声明明确指出，关注"近期"是经济走势的一个主要因素：

> 在 NASA 决定其研究和技术项目应着眼于近期发展之后，AEC 在相关项目中采取了平行行动。
>
> 即将终止的项目包括洛斯阿拉莫斯科学实验室和内华达州核火箭开发站的核火箭推进工作……
>
> 削减还将影响原子国际公司的空间反应堆温差电项目和通用原子公司的空间反应堆热离子项目……[9]

作为响应整体削减空间核计划的对等措施，AEC-NASA 空间核系统联合办公室被解散。

AEC 的公告继续宣传 RTG 的广泛计划，这些计划将在该机构继续进行。特别提到的是关于 RTG 将"……用于 NASA 维京号火星登陆计划、NASA 水手号木星-土星任务和军用林肯空间卫星。"[10] 应用物理实验室一直在监测 RTG 的发展情况，因为它签有海军子午仪号导航卫星项目合同，该项目使用 RTG 装置已有 10 年之久。该实验室的达索拉斯表示，SNAP-9A 存在问题，因而应用物理实验室在太阳能和核能之间来回切换，密切关注这两种技术的发展状态。在这 10 年中，应用物理实验室继续担心其 [卫星] 系统的脆弱性，这重新点燃了其对 RTG 的兴趣。[11] 届时，AEC 已经有了新的热电装置，因此 Triad 卫星可以配备 30 瓦、24 000 居里钚-238 RTG① 作为其唯一的电力来源。[12] 1972 年 9 月 2 日，Triad 卫星发射

76

----

① 即 Transit-RTG，专门为军用子午仪 Triad 导航卫星开发，作为主电源使用。——译者注

成功，在进入轨道 10 年后，它仍在运行。达索拉斯解释说，当时海军没有继续使用 RTG，因为 AEC 在 [资金] 削减后将降低生产线的产能，预计无法赶上发射进度。此外，太阳能的改进使这种能源变得不那么脆弱。达索拉斯补充说，如果最终禁止在太空使用核能，应用物理实验室不希望为"只使用核系统"所困扰，这反映了那些年来日益增加的担忧。[13]

完成载人登月计划的阿波罗任务——阿波罗 14 号、15 号、16 号和 17 号——都配备了 SNAP-27，为留在月球上的阿波罗月球表面实验包提供电力。最后一次发射是在 1972 年 12 月 7 日。阿波罗的 RTG 运行良好，但最终不得不关闭。[14] 最后一次发射后，AEC 的一份计划状态报告显示，即使是由阿波罗 12 号飞船搭载的第一个 SNAP-27，到那时已经运行了 3 年多，仍能产生 69 瓦的功率，而其最初的输出功率为 74 瓦。在报告发布时，所有其他阿波罗任务部署的 SNAP-27 都至少能产生 70 瓦的功率。[15] 在月球上部署 5 年后，阿波罗 12 号的 SNAP-27 电源仍可输出其初始功率的 83.5%。所有由 RTG 电源供电的 5 套阿波罗月球表面实验包持续运行，直到 1977 年 9 月 30 日关闭。[16]

在这 10 年之初，即阿波罗 12 号携带 SNAP-27 首次登月 1 年后，作为 RTG 计划的一项荣誉，史密森学会收到了一台 SNAP-27。[17] 然而，公众对登月任务的兴趣减弱，资金的削减迫使阿波罗计划缩减。阿波罗 17 号是最后一次飞行任务，因为阿波罗 18 号、19 号和 20 号被取消。随着 1972 年 12 月阿波罗 17 号的发射，在许多人看来，人类不太可能在 20 世纪重返月球。[18]

通用电气公司的 SNAP-27 装置是专为载人航天任务而设计的，它们在阿波罗任务中积累了丰富的应用经验，由此带来的发展驱动力继而使其发展成为"数百瓦级"①，并将其带到未来的深空应用中。在阿波罗计划结束之前，一项无人行星任务发现了 RTG 的用途。

---

① "数百瓦级"是数百瓦级放射性同位素温差发电器 (MHW-RTG) 的简称。——译者注

先驱者号的挑战

查尔斯·霍尔是位于加利福尼亚州桑尼维尔的 NASA 艾姆斯研究中心的先驱者号项目的经理，从该项目被转移到艾姆斯并被定义为木星的行星际探测计划时起，他就负责管理该项目。与阿波罗"战舰"相比，他将先驱者号称为"划艇"。这意味着人们不会过多地审查他的计划，并且由于其预算相对较小，可以在阿波罗的浪潮中向前推进。霍尔是被 RTG 团队通过市场营销手段说服使用 RTG 的项目总监之一。[19] 他的经历进一步证明了 RTG 计划及其承包商具备抗压的技术能力。

霍尔对在为期 3 年的空间任务中使用 RTG 持保留态度，因为第一个搭载 RTG 的雨云号在发射时失败，而且 1969 年成功发射雨云号时，RTG 的功率下降太快。但另一方面，他不确定前往木星的任务是否可以使用太阳能电池。第一颗前往行星的先驱者号（即先驱者 10 号）的预定发射日期是 1972 年年初，而这些关于电源的问题在发射前 3 年仍未确定。为加快系统开发，霍尔说服 NASA 总部与汤普森兰姆伍尔德里奇公司谈判一份单一来源合同。合同谈判后，该公司提议使用太阳能电池。"设计非常有限，"霍尔评论道，"但在我看来，它仍然比使用 RTG 并与 AEC 一同经历所有麻烦要好。"[20]

NASA 总部支持使用 RTG，AEC 空间核系统部也同样支持。大约在用于先驱者号的太阳能技术研究完成之际，AEC 的卡彭特来到艾姆斯研究中心与霍尔讨论由特励达公司开发并最后在雨云号气象卫星上飞行的 SNAP-19。霍尔终于确信，自雨云号以来，AEC 在改进 SNAP-19 方面已经做了很多工作。在霍尔看来，AEC 同意为所有开发活动提供资金并免费建造所有原型样机，这使得 RTG 更有吸引力。霍尔仍然担心可靠性，因为 RTG 将是唯一的电源，当木星任务只需要 3 个电源时，他决定在航天器上安装 4 个 RTG。[21]

与 AEC 签署了一份协议书，虽然很难达成共识，但后来避免了问题，并有助于建立良好的工作关系。汤普森兰姆伍尔德里奇公司继续作为航天器承包商。1970 年 12 月，交付了发电器原型样机。很快就发现，良好的工作关系至关重要。在测试中，其中一台发电器的功率开始迅速下降，霍尔坚持要对他担心的系统内在问题进行全面评估。他将随后的工作描述为"海量的工程"，涉及特励达人员、RTG 项目的伯纳德·洛克和哈罗德·贾菲。该团队在一个月内发现了问题。[22]

在巴尔的摩附近的特励达工厂对有缺陷的装置进行了检查。内部气体样本，本应该是氩和氦的混合物，测试结果显示了含有少量氢和水蒸气的痕迹。此外，RTG 的金属组件已被充满电源装置的水分 [腐蚀] 削弱。霍尔将缺陷归因于装配时未能保持低湿度环境；特励达将根本问题归因于热源的放气效应。[23]

随后，采取了几项措施来纠正该问题。改变了发电器中填充气体的比例。重新设计消除了雨云号用 SNAP-19 中的许多密封件，以至于先驱者号上携带的装置只有一个密封件。装配程序改为手套箱装配工艺，包括焊接在内的所有装配步骤都在一个密封的腔室中进行，工人通过安装在腔室侧面的手套将手插入其中进行操作。装配是在一个类似潜艇的条件可控腔室中进行的。在新项目中，引入了一种称为"碲锑锗银合金 (TAGS)"① 的新型高效热电材料。[24]这些行动说服了 NASA 和霍尔决定使用 RTG。[25]

先驱者 10 号于 1972 年 3 月 2 日发射，先驱者 11 号于 1973 年 4 月 5 日发射，与载人登月任务相比，受到公众较少的关注。这两艘航天器的目的是"将行星际现象的研究扩展到小行星带之外，飞越木星，……并在与木星相遇后……离开太阳系之前的数年内传输数据。"在即将进行的 13 项实验中，有一些涉及天体力学、流星体天文学、小行星探测和木星辐射带考察。4 台 SNAP-19 发电器必须

---

① TAGS 一词来源于材料主要成分的名称集合：碲 (tellurium)、锑 (antimony)、锗 (germanium) 和银 (silver)，可译为 "碲锑锗银合金"。TAGS 是碲化银锑在碲化锗中的固溶体。——原文注

在整个任务期间提供至少 120 瓦的连续电力，根据发射的具体日期和时间，供电时长将在 645 天到 795 天之间。[26]

先驱者 10 号的发射相对而言并没有引起公众的注意，但在任务开始 22 个月后航天器飞越木星时，人们的兴趣大大增加。霍尔生动地回忆了 1973 年 12 月在艾姆斯研究中心先驱者 10 号飞越木星的 10 天经历。媒体每天都在那里，还有一群兴趣盎然的太空科学家。最大的未知数之一是即将遇到的辐射场的强度。"我认为辐射问题被夸大了，"霍尔说，"但这些读数真的很高。媒体知道我们非常担心。我们每天都准备一份新闻稿。"

迪克斯也在艾姆斯研究中心观看传输回来的数据。在他看来，先驱者号是有史以来最成功的航天器。先驱者号在木星周围的辐射中幸存下来，并继续完美地进行实验。在任务执行初期，人们担心当航天器穿过小行星带时，小行星会击穿密封舱，但这个问题从未出现。

旧金山湾区报纸的头条新闻宣称"先驱者号成功了"。公众也许没有太空专家对辐射危害那么兴奋，他们看到了由特殊摄影设备拍摄的那颗遥远行星的照片。[27]众多太空期刊也广泛报道了先驱者 10 号的胜利及其有效载荷 (RTG) 在木星附近恶劣的辐射环境中的生存情况。它们还指出，先驱者 10 号或将是第一个离开太阳系的人造物体。[28]

在先驱者 10 号成功后，先驱者 11 号 (正在途中) 被重新定位到一条将被土星和木星捕获的路径上。航天器预计于 1974 年 12 月 2 日或 3 日抵达木星，并于 1979 年 9 月 5 日左右抵达土星。[29]在抵达木星时，有太空记者提到，先驱者号通过了辐射危险峰值区，其状态比先前的先驱者号更好。航天器在"最坏情况"下幸存了下来，在报告中有一点值得期待，即运行良好的航天器及其科学设备正在继续沿着与土星第一次太空相遇的路线前进。[30]

51

两位专家正在讨论木星强辐射效应

约翰·辛普森博士（左）和詹姆斯·范艾伦博士是 NASA 先驱者 11 号木星探测任务（使用 SNAP-19 供电）的首席调查员；他们在加利福尼亚州莫菲特场的 NASA 艾姆斯研究中心讨论了木星强辐射带的初步估计结果；先驱者 11 号于 1974 年 12 月 2 日进入木星最严重的辐射区域并幸存了下来。（来源：NASA 艾姆斯研究中心档案馆）

80　　　根据霍尔的说法，RTG 不仅在极端辐射环境中幸存下来，而且"在那些先驱者号从太阳系逃逸的轨迹中，可以看出使用 RTG 的确得到了回报。它们仍在运行，尽管它们正在退化。13 年后，先驱者 10 号的电源功率降至约 120 瓦。我认为它将在 1994 年耗尽电力。"霍尔说，后来前往金星的先驱者号没有使用 RTG，因为它们靠近太阳。他解释说："如果你打算留在地球附近，甚至绕着太阳转，太阳能更便宜，而且麻烦更少。"[31]

核恐惧和能源困境

　　1974 年年底，美国在太空和核能的未来都面临着新的未知。随着 AEC 走完其最后的日子时，一个时代结束了。AEC 的历史总结了变化的情况：

> 在过去 10 年中，AEC 在国会和美国公众中失去了许多特权地位。独家垄断和保密外衣已经基本不复存在，原子能似乎不再为军事防御和民用能源需求提供完美的解决方案。[32]

太空计划也面临许多不确定性。载人行星探索计划已被搁置。一项无人太空计划仍然存在，但更雄心勃勃的太阳系大巡游计划也被修订和延迟。维京号 -75 任务的火星之旅坚定而如期进行；NASA 管理人员推测了维京号 -79 任务和 1980 年的先驱者号木星轨道飞行器任务的可能性。这样的计划需要 RTG 电源，也许还需要反应堆动力，以满足 20 世纪 90 年代及以后的深空应用需求。[33]

一个基本的担忧是，未来的任务在多大程度上依赖于航天飞机的使用，自 20 世纪 70 年代初以来，NASA 一直在推动航天飞机作为其在阿波罗计划后的主要成本效益要素。使用载人航天飞机作为发射平台会给使用 RTG 的安全设计带来新的问题。特励达公司的迪克指出，"早期，当核能大行其道时，公众的反应很好。但是当反核运动开始时，我们对核能的使用采取了低调的态度。"[34]

1974 年 NASA 和 AEC 之间的交流反映了对未来空间核需求和满足这些需求的能力的担忧。6 月，NASA 局长詹姆斯·弗莱彻致函 AEC 委员威廉·安德斯，表示他担心 AEC 计划在维京号 -75 任务之后停止使用 SNAP-19，并用基于硒化物①新技术的 RTG 取而代之。[35] 在那年夏天的答复中，安德斯阐述了 1975 财年 AEC 减少空间核系统部 80 万美元拨款申请所带来的问题：

81

> ……虽然我们同意某些活动的重要性，例如维持 SNAP-19 和 MHW-RTG 的制造能力，对高性能、低成本硒化物 RTG 技术的探索攻关，对高性能、低成本动态转换系统以及高功率

---

① 硒化物是一种基于硒、锡、碲的复合型热电材料，比传统碲化铅热电材料的热优值高，因而受到开发者和用户方的关注。事实上，美国从 20 世纪 70 年代中期开始探索硒化物温差电技术，但据公开文献报道，至今硒化物热电材料仍然没有被应用于任何一种 RTG 型号。——译者注

反应堆系统的持续研究，但是该计划的资金需求将超过预期的可用资金。如果我们要按照我们的共同愿望加强该计划，则需要您利用政府的所有资源在近期和未来的预算周期内给予支持。

安德斯提议建立一个 AEC-NASA 联合协调委员会，以确保项目的兼容性，促进交换信息，并酌情报告状态和需求。[36]

6 个月后，AEC 不复存在，取而代之的是能源研究与发展管理局。罗伯特·希曼被提名为新局长。在 1974 年 12 月的确认听证会上，他说：

> "我们创建美国能源研究与发展管理局的目的是提供比今天更多的选择，增加我们的资源，提高能源利用效率。
>
> 我相信总统和国会已经明智地认识到建立一个强大研发机构的重要性，该机构有能力制定和维持一个平衡且实用的能源生产和保护计划，以满足我们国家的需求。我们必须充分利用所有可行的能源，并且我们必须始终将这些能源可能带来的环境风险降至最低。美国能源研究与发展管理局的创建可以实现这些目标。"[37]

新的角色登上了舞台，新的组织架构出现了，核电和能源问题的解决方案朝着新方向推进。在空间核计划层面，依然存在许多不确定性。

参考信息来源

[1] "Overlooked Space Program Benefits," *Aviation Week & Space Technology*, March 15, 1971, p. 11.

[2] "Aerospace Business in the Seventies" (by Abraham Hyatt, North American Rockwell, Corp.), *Astronautics and Aeronautics*, July 1971, p. 49.

[3] Budget figures from *ibid*.

[4] "Report From The Director, Space Nuclear Systems Division to the General Manager (for information meeting item 'AEC/User Agency Funding for Space Nuclear Power Systems')," May 21, 1971, pp. 1-4. Offset quotation, p. 4. (From DOE archives.)

[5] Personal interview with Milton Klein.

[6] See Klein's testimony in AEC *Authorizing Legislation Fiscal Year 1972: Hearings Before the Joint Committee on Atomic Energy Congress of the United States Ninety-Second Congress First Session*, March 9, 16 & 17, 1971, Part 3 (Washington: U.S. Government Printing Office, 1971), pp. 1249 & 1251.

[7] "Correspondence on Sandia Participation in Space Electric Power Program, "October 23, 1970. (From DOE archives.)

[8] Opinion expressed by Bernard Rock in a personal interview.

[9] AEC press release, January 5, 1973, "Enclosure 1" to letter from AEC General Manager to Honorable John O. Pastore, Chairman JCAE on the same date. (From DOE archives.)

[10] *Ibid.*

[11] Personal interview with John Dassoulas.

[12] Description of this RTG taken from "Nuclear Safety Review Procedures for Navy Satellite Mission," June 1, 1970. (From DOE archives.)

[13] Personal interview with John Dassoulas.

[14] Personal interviews with Augustine Pitrolo and Tom Kerr.

[15] "Apollo 17/SNAP-27 Status Report," December 13, 1972. (From DOE archives.)

[16] "Electric Power Systems for Space: A Progress Report," *Astronautics and Aeronautics*, December 1975, p. 26.

[17] See *Remarks [By Congressman Chet Holifield, Chairman JCAE] on the Occasion of Presenting a SNAP-27 Generator to the Smithsonian Institute* (sic), December 9, 1970. (From DOE archives.)

[18] See "The Last Liftoff" (by Robert Hotz), *Aviation Week & Space Technology*, December 11, 1972, p. 17.

[19] Personal interview with Charles Hall.

[20] *Ibid.*

[21] *Ibid.* (Hall was not sure, at first, of the AEC representative's identity, but finally decided during the interview it was Bob Carpenter.)

[22] *Ibid.*

[23] Personal interviews with Charles Hall and Guy Linkous.

[24] Definition from *U.S. Radioisotopic Thermoelectric Generator Space Operating Experience (June 1961-December 1982),* (by Gary L. Bennett, James J. Lombardo, & Bernard J. Rock), paper presented before the 18th Intersociety Energy Conversion Engineering Conference, Oriando, Florida, August 21-26, 1983, note p. 6.

[25] Personal interview with Charles Hall and Guy Linkous.

[26] Information from "Use of Isotopic Nuclear Systems on the NASA PIONEER Spacecraft" (staff paper), December 30, 1971. (From DOE archives.)

[27] Personal interviews with Charles Hall and Mike Dix. Hall told of the Bay Area newspaper coverage.

[28] "Pioneer 10 Blazes Path to Jupiter, Beyond," *Aviation Week & Space Technology,* December 10, 1973, p. 21.

[29] "Pioneer 11 Retargeted for Saturn Encounter," *Aviation Week & Space Technology* March 25, 1974, p. 18.

[30] "Pioneer's Success Buoys Saturn Hopes," *Aviation Week & Space Technology,* December 9, 1974, p. 16.

[31] Personal interview with Charles Hall.

[32] Alice L. Buck, *A History Of The Atomic Energy Commission,* op. cit., p. 8.

[33] See references to these missions in letter from James Fletcher (NASA Administrator) to William Anders (Commissioner AEC), June 7, 1974, (From DOE archives.)

[34] Personal interview with Paul Dick.

[35] Letter, Fletcher to Anders, June 7, 1974, op. cit. (From DOE archives.)

[36] Letter from Anders to Fletcher, June 28, 1974. (From DOE archives.)

[37] See *Nomination of Dr. Robert C. Seamans, Jr. To Be Administrator, Energy Research & Development Administration: Joint Hearing Before the Joint Committee on Atomic Energy Congress of the United States & the Committee on Interior & Insular Affairs of the U.S. Senate, Ninety-Third Congress Second Session,* December 11, 1974 (Washington: U.S. Government Printing Office, 1974), p. 7.

第七章

变革中的坚守

动荡岁月

　　1975 年 1 月 19 日，AEC 被废除，其大部分职能移交给新成立的能源研究与发展管理局，但监管职能移交给核管理委员会。核能受到越来越多的公共利益团体的攻击，并因资金原因失去了私营开发商的青睐。国会曾授权 AEC 以促进核能的发展，如今被废除了，核能地位进一步下滑。在美国能源研究与发展管理局，核能的地位被降低为一种普通的选项，与化石燃料、太阳能、节能和新兴合成燃料等备选项直接竞争。核能比其他任何竞争对手都更容易陷入争议。争议导致了空间核动力和 RTG 计划的不确定性。

　　在西博格离开 AEC 后，RTG 计划失去了最引人注目的倡导者，该机构关于太空任务中 RTG 作用的公开声明变得沉默。任务发射日和 RTG 任务成功周年纪念日不再被用作发表声明并预测核能未来应用的场合。无论是美国能源研究与发展管理局，还是后来的能源部，都没有发出声音直接向公众传达关于这项"安静技术"的成就和前景。

批评 AEC 双重使命——发展和促进核能的同时监管保护公共安全——的人士认为，AEC 在鼓励商业许可的同时忽视了核安全研究。西博格的继任者詹姆斯·施莱辛格试图改变机构的公众形象，从"核工业的代理人"转变为"为公共利益服务的裁判员"。[1] 他的继任者，迪克西·李·雷创建了反应堆安全研究部，并继续扩大安全研究计划。[2] 在整个 RTG 计划中，安全研发始终与航天器和任务的研发相结合，因为人们意识到一场灾难将意味着该计划的最终结束。[3]

虽然能源政策并不是 1976 年总统竞选活动中的主要问题，但卡特在当选后不久就将能源危机及其对国家的考验描述为"战争的道德等价物"①。他要求成立一个能源部门来发动这场战争。1977 年 10 月 1 日，能源部成立，施莱辛格担任第一任秘书长。[4] 与美国能源研究与发展管理局时期相比，核能竞争在能源部时期进一步加剧。除了专注于全方位的能源选择之外，新部门还整合了来自内政部的约 5000 名员工、联邦能源管理局的近 4000 名员工、联邦电力委员会的约 1500 名员工，以及现已解散的美国能源研究与发展管理局的近 9000 名员工。[5]

卡特入主白宫的头几天里发生的一些行动和事件表明，美国放弃了"拥护"核技术的联邦政策。甚至在能源部成立之前，总统就宣布美国将无限期推迟民用反应堆乏燃料的后处理，并推迟克林奇河快中子增殖反应堆的建设。[6] 不久之后，1978 年 1 月，一颗载有核反应堆的苏联间谍卫星在加拿大西北部坠落，卡特最开始向公众保证，美国不会在太空中飞行此类装置。他后来模糊了这一立场，使其不那么明确。[7] 14 个月后，即 1979 年 3 月，通用公用事业公司的商业反应堆三英里岛 2 号机组发生了冷却剂泄漏事故。[8] 耸人听闻的新闻报道加剧了公众对所有形式核能导致的致命辐射风险的担忧。然而，到了这个时候，即使是国会中最坚定的核能支持者也不能再通过原子能联合委员会发言了，因为该委员会的解散与创建

---

① 借用自哲学家威廉·詹姆的一句话。——原文注

能源部的立法同时获得批准，其职责分摊到 6 个众议院和参议院委员会。

RTG 计划中的一些人对不断变化的环境有强烈的感受。当 AEC 大楼被移交给美国能源研究与发展管理局时，能源项目范围的扩大使从事核项目的人成为少数。根据卡彭特的回忆，工作重点转移到了"你今天节省了多少桶石油"的问题上。卡彭特在 2 年后辞去了在该计划中的职务，转而在私营企业任职。[9]迪克斯辞去了在该计划和跨机构核安全审查小组中的安全角色，成为能源部安全和环境运营总监。[10]

AEC-NASA 联合办公室早在几年前就解散了。在美国能源研究与发展管理局旗下，成立了一个新的核研究与应用部，以"在陆地和空间应用领域开展先进核研发计划……"[11] 1976 年 6 月，洛克成为空间应用助理主任。[12]由于组织高层失去了强烈的倡导声音，像洛克这样的关键计划管理者开始负责为该计划做宣传。在拨款听证会上，核研究和应用的捍卫者们认为，虽然为太空计划开发 RTG 将继续受到主要关注，但对地面计划的重视将会增加。[13]

不确定性弥漫在太空探索前沿。一位太空计划的拥护者谈到了阿波罗登月成功和水门事件丑闻之后的几年情况，他说，"尤其是对美国年轻人来说……太空探索被视为恶棍们狂欢节中又一场华而不实的花絮。"[14]航天倡导者认为航天飞机计划占用了 NASA 的大部分预算，并希望这一载人轨道运输系统最终将引领美国太空计划进入一个新时代。与此同时，太空计划失去了驱动力。幸存下来的主要载人航天活动是美苏阿波罗-联盟联合试验项目，该项目使用了土星运载火箭和阿波罗航天飞机。1975 年 7 月，阿波罗-联盟联合试验项目的发射标志着肯尼迪航天中心土星发射团队的解体，据 NASA 局长詹姆斯·弗莱彻称，这个团队"对我们国家做出了巨大贡献"。[15]

卡特总统上任后明确表示，没有任何新的重大太空计划，开发航天飞机的潜力将是美国太空计划的重点。在 1977 年 5 月的白宫新闻发布会上，卡特谈到在外交政策中扩大航天器的使用，并对陆地卫星和通信航天器表示感兴趣。[16] 1978 年年初，《航天与航空》期刊谴责"NASA 失去驱动力"，并寻求韦伯的评论意见。韦伯曾带领 NASA 踏上登月之路，他认为 NASA 需要重新夺回其作为全球企业领导者的角色。但他也认为，该企业应该强调国际地面应用"……在教育、通信和交通方面，为愿意在未来几年与我们合作的国家寻找更可行的政治、社会和经济体系"。[17]

在 20 世纪 70 年代最后几年的 RTG 计划中，注意力集中在支持 NASA 的无人行星任务和军事轨道任务上。与国防部建立联系的新举措促成了空间核系统应用指导小组的成立。RTG 计划负责人认识到，无论核电和太空计划的发展气候如何，RTG 都面临来自太阳能系统的激烈竞争——太阳能更便宜且避免了 RTG 复杂的安全程序。与太阳能电池阵列相比，军事用户的一个卖点是，面对敌人的对抗措施时 RTG 具有较低的脆弱性。然而，RTG 计划的其余保障对象是 NASA 无法使用太阳能电池的行星任务，因为这些任务离太阳太远了。该计划在这 10 年后半段记录的任务是：

任务名称	电源型号	发射日期
维京 1 号	SNAP-19	1975 年 8 月 20 日
维京 2 号	SNAP-19	1975 年 9 月 9 日
林肯实验卫星 8 号	MHW-RTG	1976 年 3 月 14 日
林肯实验卫星 9 号	MHW-RTG	1976 年 3 月 14 日
旅行者 2 号	MHW-RTG	1977 年 8 月 20 日
旅行者 1 号	MHW-RTG	1977 年 9 月 5 日

从这 10 年后半期美国航天发射的总结来看，对 RTG 的使用是多么有选择性。根据 NASA 的数据，从 1975 年至 1980 年，美国发射了 77 颗应用卫星、23 个科学有效载荷和 11 个空间探测器。其中，总计只有 6 个携带 RTG。全部应用卫星中包含了 2 次 RTG 发射（地球轨道军用通信卫星，即林肯实验卫星）。另外 4 次都是用于空间探测器，因此有超过一半的 RTG 是为此类任务提供电力。[18] 显然，与早期的应用一样，RTG 是为特殊用途而预留的。

在组织变革和公众争议的不确定性中，那些大量参与太空任务的人坚持解决主要的技术问题。许多 RTG 人员，尤其是那些被分配到总部以外的人员，并没有经历卡彭特回忆的"气候变化"。他们与 RTG 计划上级组织的变化保持相对隔离。至少在维京号上，他们融入专业团队，并沉浸在实现毕生梦想的兴奋中。

维京号登陆火星

阿波罗号之后的任何太空任务都无法重现载人登月所带来的活力和公众兴趣。然而，维京号前往火星的无人任务有其独特的魅力。一部分先觉者发现火星是人类探索的令人兴奋的前沿；这种兴奋部分传递给了更广泛的公众，即使他们远离太空计划，也已经陷入了太空时代。被《星际迷航》和《2001 太空漫游》俘获的观众，都被人类对这颗神秘红色星球的近距离观察迷住了。[19]

火星被认为是以某种形式承载生命的主要候选地。维京号前往火星的任务将是从轨道飞行器上发射无人着陆探测器。这些着陆器将进行实验，其主要目的是寻找生命的证据。长期以来，任务规划者一直认为，着陆器不能依靠太阳能，需要同位素电源系统才能在火星的极端温度、大风和夜晚环境下执行任务。杰里·索芬 ①，NASA 维京号项目科学家，为早期策划生物实验以寻找火星上的生命证据做出了贡献。当 NASA 的兰利研究中心参与火星软着陆任务时，索芬离开了加利福尼亚州帕萨迪纳的喷气推进实验室，以项目科学家的身份前往兰利研究中心。在兰利研究中心，由吉姆·马丁担任项目经理，汤姆·杨担任任务总监，负责整个维京号任务和着陆器，而加利福尼亚州帕萨迪纳的喷气推进实验室则继续负责轨道器子系统。"维京号任务相当大，"索芬说，"当然，没有什么能比得上阿波罗号的规模——它吸收了 NASA 的几乎所有人。但在维京号的鼎盛时期，我想说，全国有大约两万人在为它工作。"[20]

---

① 正式姓名为杰拉德·索芬 (Gerald A. Soffen)，又名 Jerry 或者 Gerry，本书中 Gerald Soffen 和 Jerry Soffen 为同一人。——译者注

最初的维京号任务计划于 1973 年飞行，但预算削减导致推迟
88　到 1975 年。仪器和软件的开发与实现是独特的挑战。以光速进行
往返通信大约需要 45 分钟，并且由于从地球发出的修正指令有巨
大延迟，因此自动化航天器必须自我检查并自行决定其行动。火星
的夜晚和沙尘令规划者们忧心忡忡。"当我们还在考虑太阳能时，"
索芬说，"我们甚至考虑过让着陆器在火星表面上倾斜太阳能电池
板，以抖落沙尘暴中的灰尘。但实际上我们一直想要使用 RTG，对
此我们付出了很多努力以确保 AEC 能够提供它们。"维京号的最终
设计选择了 RTG 作为着陆器及其所有实验的唯一电源。[21] 任务中的
2 个 RTG 中的每一个都需要在火星表面产生至少 35 瓦并持续 90 天。

当时，SNAP-19 在满足维京号任务要求方面存在重大问题。
RTG 与着陆器的热集成是一个主要困难。RTG 将为着陆器提供所
有电力，并为控制着陆器的温度提供热量。火星表面寒冷的夜晚和
相对炎热的白天导致规划者担心如何实现仪器的热控。[22] 2 个 RTG
下方安装了 1 个热控开关。随着着陆器内部温度升高，1 个风箱会
支起 1 对挡板，以防止来自 RTG 的热量进入着陆器舱；当温度变
低时，风箱将收起挡板并允许来自 RTG 的热量传导到着陆器舱。

另外两个问题导致了维京号上 SNAP-19 的特殊设计。火星风
促使设计师在 RTG 上设置了挡风板，而挡风板也是热控系统的一
部分。更明显的是生物污染问题，要求对着陆器及其所有部件在发
射前进行消毒。维京号的实验者希望确保着陆器不会将任何生物污
染从地球带到火星表面——以免所携带的生物污染被火星生命搜寻
仪探测到。兰利研究中心的维京号 RTG 项目代表鲍勃·布罗恩斯 ①
表示，包括 RTG 在内的整个着陆器都经过了消毒——"封装在一
个密封的茧中"。有人担心 RTG 在烘烤过程中可能会变得过热，因
此在 RTG 顶部放置了一个冷却盘管，然后用圆顶盖住它。在灭菌
循环期间，水流过冷却盘管以从 RTG 中带走热量。[23]

---

① 根据原文索引，Bob Brouns 与 Robert Brouns 为同一人，其全名为罗伯特·
鲍勃·布罗恩斯 (Robert Bob Brouns)。——译者注

1975 年 8 月 20 日和 9 月 9 日的两次维京号发射，虽然不像阿 89
波罗那样被报道或宣传，但随着实际登陆火星的日子越来越近，媒体和公众越来越感兴趣。维京 1 号预计于 1976 年 7 月 4 日登陆火星，这恰好作为美国"建国二百周年纪念活动"。在轨道飞行器开始发回预期着陆地点的照片后，这些杂志的报道变得铺天盖地。索芬解释了公众对维京号的兴趣和关注："首先，这是一个二百周年纪念活动。新的史密森航空航天博物馆是由维京号发出的剪彩信号开启的。但我认为人们之所以感兴趣，是因为他们对火星着迷——维京号已在那里拍摄了很长时间。"[24]

为了找到更好的着陆地点，维京 1 号的着陆时间推迟到了原定的 7 月 4 日之后。这一延迟只会增加聚集在加利福尼亚州帕萨迪纳的喷气推进实验室的科学家、任务负责人、新闻记者和一些相关外行的悬念。当时在场的马克·沃什伯恩在他的书《最后的火星！》中记录了着陆的时刻：

> 最后几秒是痛苦的。多年的工作和几十年的梦想即将实现，或者在一块看不见的火星岩石上粉碎。
>
> 然后在 1976 年 7 月 20 日太平洋夏令时间① 早上 5:12:07，触地着陆！
>
> 冯·卡曼礼堂爆发出一场欢呼、拥抱和眼泪的狂欢。在任务控制中心，控制人员呼喊着，扯下耳机，在电脑的灯光下跳舞……
>
> 维京号抵达火星。[25]

维京 1 号和 2 号的生命探测实验没有找到火星上存在生命的证据。事实上，没有发现构成生命的有机化学物质；然而火星陨石含有有机化学物质。根据索芬的说法，一种可解释的理论认为，火星的大气层允许紫外线穿透至星球表面，从而使星球表面的有机化学物质被氧化。索芬补充说，维京号寻找生命是一场"高风险的赌博"，

---

① 太平洋夏令时 (Pacific Daylight Time，PDT) 比世界协调时 (UTC) 晚 7 个小时，该时区为夏令时时区，主要用于北美西海岸地区。——译者注

因为在维京号之后，许多科学家对火星失去了兴趣。[26]

53

在火星表面运行的维京 1 号

　　该照片于 1976 年 7 月 23 日由维京 1 号的相机拍摄；可以看到火星表面的沙丘和岩石，还可以看到美国国旗位于两个 RTG 的挡风玻璃上，这些玻璃专门用于保护 SNAP-19 型 RTG 免受火星表面沙尘暴的影响。（来源：NASA 档案馆）

　　RTG 表现完美。"考虑到维京号的所作所为，"索芬说，"电源的工作非常出色。"[27] 1976 年 12 月 4 日，关于 RTG 的一份状态报告表明，它们满足了维京 1 号和 2 号的 70 瓦持续 90 天的供电要求。[28] 尽管如此，维京号 -79 和其他火星任务的规划最终还是被取消了。

重返军事应用

　　在维京号到达火星表面之前，另一项任务已将 RTG 送入太空。两次林肯实验卫星任务，即林肯实验卫星 8 号和 9 号①，于 1976 年 3 月 14 日发射升空。尽管林肯实验卫星任务从一开始就保持低调，但这些通信卫星成功的报道在火星消息传来之前就发布了。作为空军的一项防御任务，林肯实验卫星 8 号和 9 号是海军子午仪号卫星发射 4 年以后 RTG 首次在国防领域的应用，也是 12 年来国防部第二次使用 RTG。

　　林肯实验卫星 8 号和 9 号的航天器在一个运载火箭上同时发

---

　　① 林肯实验卫星 (LES) 以麻省理工学院林肯实验室 (Lincoln Laboratory of MIT) 命名，该实验室负责此次空军任务的系统集成。——原文注

90

射，放置在同步轨道上的不同位置，预计使用寿命大于 5 年。这两颗卫星被设计用于相互通信和与地面终端进行交叉通信。这对卫星相距数千英里，可"在覆盖地球表面 3/4 以上区域的任何地方提供终端之间的通信"。[29] 作为实验，林肯实验卫星 8 号和 9 号"旨在展示和评估'帮助卫星在恶劣环境中生存并继续可靠运行'的技术"。[30]

在空军持续进行的空间通信计划中，林肯实验室设计和建造了一系列林肯实验卫星。其他的都没有用 RTG 供电。林肯实验卫星 8 号和 9 号的项目副经理菲尔·沃尔德隆表示，在发射之前，已经提前 5 年进行各项准备工作。但是，林肯实验室一旦承诺选择使用 RTG，就坚持自己的决定。沃尔德隆解释说："在林肯实验室，我们从事的是军用研发业务。我们不与任何人竞争；我们正在学习改进空间通信系统的科学技术。我们努力保持低调。"

所有模拟和测试工作以及在航天器上安装 RTG 都在实验室进行。没有出现重大问题或危机。少量的工程问题主要涉及燃料用量和产生的热量。每当在肯尼迪角搬运航天器及其 RTG 时，一长串拖车 (称为马戏团列车) 都会为其提供空调。[31]

林肯实验卫星 8 号和 9 号还将新一代 RTG 送入太空。MHW-RTG 比以前的 RTG 功率更高，通用电气公司已经开发了几年时间。本质上，发电器是一个 13 瓦的模块化装置；林肯实验卫星上的 2 台发电器被设计为可连续 5 年提供超过 260 瓦的电力。[32] 通过使用多个装置实现了更高的功率水平。MHW-RTG 的燃料采用了二氧化钚球体的形式，每个 RTG 包含 24 个球体，"保护性地包装在圆柱形石墨 [再入] 壳体中……依次又包裹在金属包层中。"[33] 因此，采取了新的安全预防措施，因为 MHW-RTG 将携带 146 000 居里燃料，而先驱者号和维京号的燃料量分别为 80 000 居里和 41 200 居里。[34] MHW-RTG 使用硅锗热电偶代替碲化铅热电偶，这种热电偶可以在更高的温度下工作，单位质量 (每磅) 将产生更多的功率 (瓦)。[35]

91

皮特罗洛回忆了 MHW-RTG 中的一些变化是如何发生的。他转入 MHW-RTG 计划后与林肯实验室密切合作，参与林肯实验卫星 8 号和 9 号的早期开发工作。AEC 最先进的技术已经从微球燃料形态发展为钚-钼金属陶瓷。根据皮特罗洛的说法，他的通用电气团队坚持使用固体燃料形态。"我去了洛斯阿拉莫斯，请人给我压了一个固体氧化物球，"他回忆道。然后，由于钼会使燃料形态退化，于是研究人员开始寻找一种能够在再入大气层中存活下来，并与燃料形态和容器桶中的石墨兼容的材料。文献检索表明，可以使用铱代替钼。因此，MHW-RTG 的开发人员学会了焊接和使用铱。[36]

林肯实验卫星 8 号和 9 号任务满足了空军对开发通信卫星的基本要求，但并未策划其他国防部项目合同或 RTG 任务，尽管该任务有助于推动 RTG 电源在军事卫星中的应用。除了探索和扩展 RTG 的军事应用之外，林肯实验卫星任务还为 RTG 技术的发展做出了贡献。在 MHW-RTG 开发过程中吸取的经验教训被应用于同样使用 MHW-RTG 的旅行者号空间探测器。据沃尔德森称，旅行者号的开发者参加了林肯实验卫星安全会议，观察了操作过程，并在肯尼迪角观看了林肯实验卫星相关活动。沃尔德森还认为，RTG 每瓦电力的成本，包括大约 1000 万美元的安全成本，是限制空军使用的一个因素。[37]

在卡彭特离开 RTG 计划之前，他在推动 RTG 在国防部任务中的应用方面发挥了非常积极的作用。他是国防部-能源研究与发展管理局空间核系统应用指导小组的成员。1976 年 9 月，《航空周刊》讨论了预算削减带来的问题以及在开始开发之前确定需求的必要性。报道称，国防部-能源研究与发展管理局联合委员会希望选定几种类型的未来军事卫星任务，这些任务可以使用 10 ～ 100 千瓦的高功率非太阳能电池能源。该期刊援引卡彭特的话称："我们再也承受不起从一开始就犯错。"它得出结论：

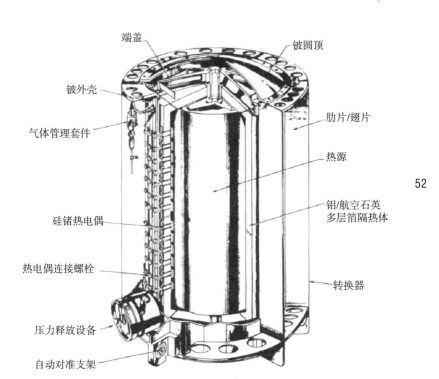

52

MHW-RTG 基本特征的剖视图

　　MHW-RTG 是迄今为止 ① 用于太空任务的最先进的 RTG；MHW-RTG 旨在满足数百瓦范围内的功率要求，用于国防部的林肯实验卫星 8 号和 9 号任务及 NASA 的旅行者号外行星探测任务。(来源：美国能源部档案馆)

　　　　卡彭特非常希望，国防部−能源研究与发展管理局联合委员会在选择了几个可能应用核电源的空间军事任务后，为经验丰富的航天器承包商提供设计研究资金。[38]

然而，在随后的 6 年中，这一希望没有实现。

　　① 截至本书原文出版日期，即 1987 年 3 月。——译者注

旅行者号前往外行星

旅行者号计划最初是一项 20 亿美元的计划，用于向火星发射探索飞船。这一计划被取消，NASA 的外行星任务被重新命名为"旅行者号"。NASA 在 20 世纪 60 年代的行星任务计划中认识到，到 20 世纪 70 年代末，木星、土星、天王星、海王星和冥王星都将与太阳排列在同一侧，这是百年一遇的天文现象，可以设计一个多行星任务来探访所有外行星。NASA 最初计划进行两个大巡游，每个大巡游发射两次，分别于 1976 年、1977 年发射"木星—土星—冥王星"大巡游和 1977 年发射"木星—天王星—海王星"大巡游。由于预算削减，NASA 的规划者将"天王星—海王星—冥王星"大巡游任务从近期计划中取消。[39]

外行星任务计划考虑使用 RTG。在规划阶段，文森特·特鲁塞洛从马丁·巴尔的摩公司核部门来到加利福尼亚州帕萨迪纳的喷气推进实验室；他和该喷气推进实验室的格哈德·斯塔普费尔回忆说，在大巡游的早期规划中，人们认识到需要一个核电源。"在 20 世纪 60 年代初，"特鲁塞洛说，"我在写建议书时，说我们的行星任务除了 RTG 没有其他选择。当你远离太阳时，光的强度会随距离按照 $1/r^2$ 的规律降低。因此，一旦你到达火星以远，你需要的太阳能电池板的尺寸将是巨大的。"[40]

尽管加利福尼亚州帕萨迪纳的喷气推进实验室从未使用过核动力源，但由于多年的行星任务规划和执行经验，实验室获得了大量关于 RTG 的知识。实验室还进行了大量的材料和寿命测试。实验室的作用不是开发 RTG 系统，而是将它们集成到行星航天器上。在发射前不久，任务名称由"水手、木星和土星 1977"更改为"旅行者"；该任务计划配备 RTG 电源。"你不能轻易改变诸如旅行者号任务的时间表，"特鲁塞洛说，"发射窗口的出现频率远低于阿波罗等任务的频率。"[41] 最终在 1972 年确定了这项被缩减的外行星任务，它一直按计划进行，但其中并非没有发生一些技术问题。

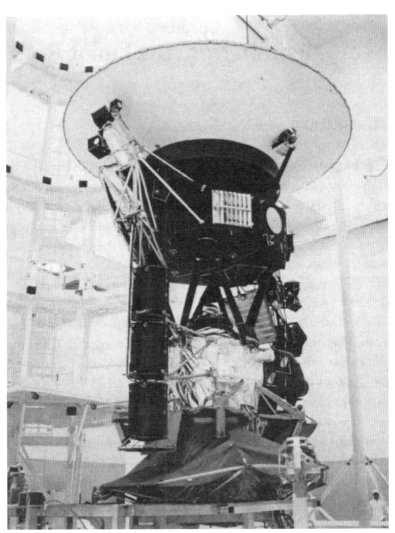

55

发射任务之前等待封装的旅行者号

　　旅行者号航天器在肯尼迪航天中心的航天器装配与封装中心等待封装；左侧的可伸缩吊杆承载着 3 个 MHW-RTG(堆叠的黑色圆柱体)，而右侧的吊杆则是包裹在黑色保温毯中的科学仪器；发射后，吊杆延伸到全长，使提供电力的 RTG 尽可能远离它们供电的仪器设备。(来源：喷气推进实验室公共信息办公室)

每个旅行者号航天器由 3 台 MHW-RTG 供电，每个航天器的总输出功率约为 475 瓦。因此，旅行者号的总电功率大约等于截至 1977 年仍在太空中的所有先前任务的电功率总和①。[42] 随着两个旅行者号的发射时间临近，它们将在几周内相继离开，美国能源研究与发展管理局的一份公告强调了这一最新的太空探索任务的宏大规模：

> 由美国能源研究与发展管理局提供的核能发电器将有可能实现有史以来最长的太空任务——一项为期 10 年的航程从木星和土星的特写电视图片开始——然后也许可以看看我们太阳系遥远的行星，即天王星和海王星。[43]

NASA 旅行者号项目经理罗德·米尔斯解释说："因为任务太远了，我们决定派出两个航天器来确保不会失败。"从航天器伸出的吊杆承载着 RTG。航天器的仪器安装在与 RTG 吊杆成 180°夹角的另一个吊杆上。[44] 旅行者号于 1977 年如期发射。旅行者 1 号的发射于 1977 年 9 月 5 日进行。虽然旅行者 1 号实际上是在旅行者 2 号发射两个半星期之后发射的，但它被编号为"1"，这是因为它的运行轨迹将使它在旅行者 2 号之前到达木星。

94

卡尔·萨根等人希望从木星获得重要信息，并预计在这颗行星的云层中可能会发现"丰富的生物群"。发射时，某太空期刊上的文章赞誉该任务为"跑出了行星驿站模式：旅行者号将'直线'飞向木星，然后前往土星，接下来飞向天王星，最后飞入太阳系末端区域——超越太阳系边际。"这次令人印象深刻的旅行将飞越木星，与土星环会合，并对 2 颗行星的 24 颗卫星中的 11 颗进行近距离观察。旅行者 1 号的轨迹弹道学要求它利用木星的引力将其抛向土星，从而节省近 3 年的飞行时间。旅行者 2 号将利用土星的引力加速并

---

① 根据译者初步计算，从 1961 年 6 月 29 日子午仪号卫星到 1975 年 9 月 9 日维京 2 号，共 18 次任务，涉及 25 台 RTG，总功率为 963 瓦，除去失败的 3 次任务（子午仪 5BN-3 号、雨云 B-1 号、阿波罗 13 号）及其 4 台 RTG，总功率为 827 瓦。综上，总功率范围 827~963 瓦，大致与两次旅行者任务的总电功率 948 瓦相当。1976 年 3 月 14 日林肯实验卫星 8 号和 9 号携带 4 台 MHW-RTG，总电功率 616 瓦，显然不应当计算在内，否则无法相等。——译者注

改变其航向——飞向天王星并可能到达海王星。[45]

在它们遥远的旅行中，旅行者号甚至比维京号更需要能够"自主"地奔跑。与木星通信的往返时长为 80 分钟，与土星通信的往返时长大约是这个时间的两倍。旅行者号能够从木星每秒传输 115 200 bits 数据，从土星每秒传输 44 600 bits 数据。[46] 因此，RTG 再次为多功能和复杂的仪器提供电力，包括独立的计算机"大脑"，从而确保了太阳系边际任务的成功。

行星相遇引起了太空科学家的极大关注，也引发了公众的极大兴趣。与维京号一样，信息到达了加利福尼亚州帕萨迪纳的喷气推进实验室的中央控制中心，并从那里送达冯·卡门礼堂热切期待的观众们。马克·沃什伯恩记录了 1979 年年初与木星相遇产生的影响，当时这颗行星的大气层呈现出鲜艳的颜色：

> 从来没有过这样的事情。在 1979 年 2 月下旬到 3 月上旬的两周时间里，旅行者 1 号穿入木星系统，打破了理论，永远改变了地球人看待宇宙的方式。高科技的、发人深省的旅行者号科学任务变得与众不同，更重要的是超越了任务本身——它是一场星际怪诞表演，是一次到镜子另一边的探险，在此过程中欢乐恶作剧影像团队①提供了照片，刘易斯·卡罗尔②解释了科学……壮丽、雄伟的木星，奥林匹斯之王，太阳系苏丹，行星大普巴③，最终揭示了它真正的荧光颜色，……木星——迷幻的星球。[47]

95

爱好者们对旅行者号宇宙飞船取得的成就欣喜若狂。看到这些照片的普通公众中很少有人会对它们不为所动，因为它们来自木

---

①　译者没有查到欢乐恶作剧影像团队 (Merry Prankster Imaging Team) 的原始出处，故推测以此比喻"一场星际怪诞表演"怪诞程度。

②　译者查询发现，在名人之中只有《爱丽丝梦游仙境》的作者叫"刘易斯·卡罗尔" (Lewis Carroll)，他并不擅长天文学或天体物理学，故推测以此比喻"一次到镜子另一边的探险"奇妙程度。

③　"大普巴" (Grand Poo-bah) 一词源自吉尔伯特和沙利文的喜剧歌剧《天皇》中傲慢的人物"普巴"的名字。此处推测特指"有很高地位的人"，以表明木星在太阳系行星中具有特殊地位。——译者注

星——然后是土星。然而，随着 10 年航行的继续，大多数人忘记
了旅行者号，因为在与行星相遇之前的长时间旅行过程被其他新闻
所掩盖。当旅行者号于 1980 年 11 月和 1981 年 8 月到达土星并传
回令人惊叹的土星环彩色照片时，太空探索再次引起了公众的注
意。土星环引起了敬畏和好奇。然而，这种反响还不足以为"恢复
载人行星计划或者甚至扩大规模的无人太空探索计划"提供支持。[48]
如果将来有支持，RTG 计划 (其提供的装置是此类探险行动的必需
品) 必定已在发射台准备就绪。

54

旅行者 1 号拍摄的土星及其光环

1980 年 10 月 30 日，NASA 的旅行者 1 号 (由 MHW-RTG 提供电力) 从 1100
万英里的距离拍摄土星及其光环；无论航天器与太阳之间的距离如何，RTG 电源都
可以正常运行工作，从而使得近距离观察这种遥远太空现象的壮观景象成为可能。
(来源：NASA 喷气推进实验室公共信息办公室)

一项需要使命的计划

由于最后一次携带 RTG 的太空发射发生在 1977 年年中，RTG

计划因其贡献在国家报纸上获得了一些提及。《纽约时报》称，发射前往木星、土星及以远的旅行者号"是一项鲜为人知的电力技术的最新冒险，它使过去 10 年对太阳系认知的戏剧性扩展成为可能。"《泰晤士报》援引时任"美国能源研究与发展管理局核研究与应用部空间应用助理主任"伯纳德·洛克的电话采访信息称：

> 根据洛克先生的说法，未来更大的空间核动力系统的开发得到了每年 3000 万美元的研究计划支持。在该计划中，将使用先进硒化物热电装置与钚 -238 热源组合，为一艘航天器供电，该航天器将携带一个轨道飞行器和一个探测器前往木星。发射时间定于 1982 年。[49]

放射性同位素动态系统的开发工作也在继续进行，该系统将利用钚热源来驱动涡轮发电机。通过改进的航天器和陀螺仪机制以补偿旋转装置，空间核动力开发商不再避讳选择"同位素发热-涡轮机发电"方案。放射性同位素动态系统具有较好的竞争优势，它将产生 1000 ～ 2000 瓦的功率；通过竞争性研发，预期获得一个具有太空飞行资格的系统，并将于 1982 年年初应用于美国空军的下一个卫星计划。[50]

NASA 和国防部任务都未能按照预计时间表进行。木星轨道器及探测器，名为"伽利略号"，被重新安排在 1985 年发射，然后又推迟至 1986 年发射 ①。使用动态同位素电源系统的空军卫星任务也被大大推迟。预计在"1986 年或 1987 年的某个时候"空军的天基监视航天器将在众多具有竞争力的动态同位素技术中选择并确定技术方案 ②。

参与竞争的动态系统包括布雷顿同位素动力系统和有机朗肯同

---

①　伽利略号实际发射日期为 1989 年 10 月 18 日，比预期的 1986 年再次延迟了 3 年。——译者注

②　公开文献表明，迄今为止天基监视航天器搭载动态同位素电源系统未能实现空间应用。译者推测，由于涉密原因，不排除军事任务尚未解密并对外公开。——译者注

位素动力系统(千瓦级同位素动力系统 ①)。在 20 世纪 80 年代初期，RTG 计划的规划方案认为："有必要更新 1978—1979 年在千瓦级同位素动力系统上已完成的工作，并对集成航天器配置中的布雷顿同位素动力系统进行对比研究，以便为天基监视航天器系统候选承包商提供信息。"[51]

在仍然承诺为其提供 RTG 的少数任务中，由于调度原因导致了大量延期。由 NASA 和欧洲航天局共同赞助的一个名为"太阳极区"的新项目——预计于 1983 年发射，随后被推迟，最终经美国重新评估预算后停止。然而，美国保留了用美国航天飞机发射欧洲航天器、为任务提供追踪和数据服务以及为航天器提供 RTG 的承诺。[52]

随着任务进度的推迟和新任务的难以确定，RTG 计划继续其技术改进工作。虽然林肯实验卫星和旅行者号上使用的 MHW-RTG 的成本约为每瓦 25 000 美元，但项目官员预计，通过使用改进的放射性同位素热源，成本将降低 60%，即到 1981 年大约为每瓦 10 000 美元，进而到 20 世纪 80 年代中期降至每瓦 7000 美元以下。[53]

97 通过增加每磅 RTG 的产电量实现了经济效益。最早装置的输出功率约为每磅 1.8 瓦，预计到 20 世纪 80 年代中期将达到每磅 4 瓦。为伽利略号和太阳极区任务提供电力的新一代 RTG 被称为通用热源 RTG，即 GPHS-RTG。它将是一个类似于 MHW-RTG 的模块化系统，在初始空间运行条件下 RTG 产生 285 瓦功率，使用硅锗热电偶，并实现 6.8% 的热电转换效率 (MHW-RTG 为 6.7%，SNAP-19 为 6.3%，SNAP-27 为 5.0%)。[54]

20 世纪 80 年代，新任务的前景并不乐观。里根总统主张将能源部的角色战略转变为鼓励私营企业展示技术的商业可行性，而联邦政府则承担了职责以支持"长期、高风险、工业界不会投资的能源研究和开发"。[55] 里根执政后似乎对核能更为友好，立即肯定了

---

① 原文 KIPS 是千瓦级同位素动力系统 (Kilowatt Isotope Power System) 的首字母简写，不与有机朗肯同位素动力系统直接对应。但 KIPS 是一种利用钚-238 同位素热源和有机朗肯循环涡轮机的动力系统。——译者注

核能选项，并随后为克林奇河增殖反应堆破土动工。政府还表示有意促进众多能源技术的增长和生产力发展。[56] 因此，倡导技术发展的氛围有所改善，但"安静技术"依赖于空间开发与应用的机会，而此时太空计划的氛围不确定。

空间和核科学家与技术人员们继续寻求一线希望。1980 年的一项哈里斯调查① 显示，大多数被调查者认为技术的优势远远大于风险。据报道，"即使是在核电这个情感问题上，75% 的人认为无法保证不会发生灾难性核事故，但大多数人认为风险是合理的。大多数受访者似乎对科学家和工程师的判断持理智的信任态度。"[57]

在太空方面，尽管航天飞机吸引了公众的注意力并获得了广泛的赞誉，但一项长期且得到良好支持的太空计划——尤其是在空间科学和太空探索方面——受"预算削减的不确定性"影响，并在"非陆地企业② 对国家实力和自信心的混乱价值观"中停滞不前。1981 年，NASA 及其科学咨询小组采取措施拯救行星计划。一项新政策使早期太阳系探索的科学目标得以维持，但延长了获得数据以满足这些目标的时间。新计划还设想将数据返回任务扩展到更有限、更便宜的行星航天器上。[58]

在新政策下，任务的科学目标将比前 10 年的维京号和旅行者号项目更为有限。NASA 太阳系探索委员会的成员担心里根政府削减预算对伽利略号木星轨道器及探测器任务可能产生影响。与此同时，美国国家科学院对联邦研发支出削减 12% 的提议表示担忧。此外，麻省理工学院物理系主任也表示担心——这样的削减将使物理科学领域的人力减少到苏联斯普特尼克卫星发射前的水平。[59]

1982 年 7 月 4 日，里根总统在爱德华兹空军基地欢迎从第 4 个航天飞机轨道器返回的宇航员，当时估计有 500 000 人参加，航天技术支持者们希望从里根欢迎活动中寻求积极解释。里根最令人

①　这项调查是基于对 1500 名美国成年人以及另外 600 名国会议员、商业和金融领袖的采访。——原文注

②　指以太空业务为主的企业。——译者注

充满希望的声明是："我们必须积极展望未来，展示航天飞机的潜力，并在太空建立更持久的存在。"里根似乎再次承诺，美国将致力于航天飞机计划，为太空的军事用途提供更多选择，并在预算问题缓解的情况下继续进行行星探索。"虽然总统没有对任何事情说是，"一家自由期刊报道，"但他也没有说不。"[60]

在这个关键时刻，RTG 计划的技术发展有条不紊地向前推进，而空间任务进度却持续推迟。问题在于如何将潜在用户的"各种可能"转变为"某些确定"。更重要的是，需要为"某些确定"创造一种氛围，并通过成功案例加以强化，这代表了一个具有目的性、连续性和驱动性的太空计划。单靠某一个计划无法做到这一点。正如韦伯在阿波罗时代所强调的那样，更大的环境是大规模活动执行过程中影响机会和行动的重要决定因素。这些活动的主要领导者必须对更大的环境具有敏锐性，并建立关系以影响决策。对于大规模太空活动中的组件级计划①，最合适的定理就是：在机会出现时做好准备。

参考信息来源

[1] See Daniel Ford, *The Cult of the Atom* (New York: A Touchstone Book Published by Simon & Schuster, Inc., 1982), p. 134.

[2] See Elizabeth S. Rolph, *Nuclear Power and the Public Safety* (Lexington, Mass.: Lexington Books, 1979), pp. 152-153.

[3] View expressed by Mike Dix in a personal interview.

[4] Jack M. Holl, *The United States Department of Energy: A History* (Washington: U.S. Department of Energy, November 1982), p. 5.

[5] *Organization and Functions Fact Sheet,* Department of Energy, Office of Public Affairs, October 1, 1977. (From DOE archives.)

[6] Alice L. Buck, *A History of the Energy Research and Development Administration* (Washington: U.S. Department of Energy, March 1982), p. 63.

---

① 指 RTG 计划，比喻其规模与太空计划相比属于组件级水平。——译者注

[7]   See Prentice C. Dean, *Energy History Chronology from World War II to the Present* (Washington: U.S. Department of Energy, August 1982), p. 63.

[8]   *Ibid.*, p. 66.

[9]   Personal interview with Robert Carpenter.

[10]   Personal interview with Mike Dix.

[11]   *Statement [of Dr. Richard W. Roberts, Assistant Administrator for Nuclear Energy] for the FY 1977 Authorization Hearings Before the Committee on Aeronautical and Space Sciences U.S. Senate,* February 3, 1976, p. 2. (From DOE archives.)

[12]   Personal interview with Bernard Rock.

[13]   See, for example. *Statement [of Dr. Richard W. Roberts, Assistant Administrator for Nuclear Energy] for the FY 1976 Appropriations Hearings, U.S. Congress,* no date. (From DOE archives.)

[14]   Mark Washburn, *Distant Encounters* (San Diego: Harcourt Brace Jovanovich, 1983), p. 6.

[15]   "Layoffs at Cape Total 2,000," *Aviation Week & Space Technology,* July 21, 1975, p. 18.

[16]   Account of President Carter's remarks taken from "Carter Discourages Major New Space Efforts," *Aviation Week & Space Technology,* May 30, 1977, p. 13.

[17]   "NASA's Loss of Thrust" (by George C. Wilson), *Astronautics and Aeronautics,* January 1978, pp. 6-7, 10; Webb quotation, p. 7.

[18]   Information from *Aeronautics and Space Report of the President: 1980 Activities,* (Washington: National Aeronautics and Space Administration, 1980), pp. 95-97; Appendixes B-1, B-2, and B-3.

[19]   Mark Washburn especially has made the point that in spite of terrestrial events that seemed to dull public interest in the Nation's space program, the Space Age had a dynamic of its own in sensitizing people and piercing their consciousness. See Washburn, op. cit., pp. 7-9.

[20]   Personal interview with Gerald Soffen.

[21]   *Ibid.*

[22]   Information from personal interview with Robert Brouns, RTG program representative

at Langley for the Viking missions.

[23] *Ibid.*

[24] Interview with Jerry Soffen.

[25] Mark Washburn, *Mars at Last!* (New York: G.P. Putnam's Sons, 1977), p. 217.

[26] Interview with Jerry Soffen.

[27] *Ibid.*

[28] "Information Memorandum: Status of SNAP-19 Radioisotopic Thermoelectric Generators Aboard the NASA VIKING II Lander," to ERDA Administrator from Director Division of Nuclear Research and Applications, January 27, 1977. (From DOE archives.)

[29] From *Fact Sheet: Lincoln Experimental Satellites LESS and 9*, Office of Information, Air Force Systems Command, no date, p. 1. (From DOE archives.)

[30] *Ibid.*, p. 2.

[31] Telephone interview with Philip Waldron.

[32] *Information from ERDA: Multi-Hundred Watt Nuclear Generator—Power for LES Satellites 8 & 9*, July 1975, p. 1. (From DOE archives.)

[33] *Ibid.*, p. 2.

[34] "Questions and Answers on LES 8 and 9," p. 4, in *ERDA Public Information Plan LES 8/9,* September 1975. (From DOE archives.)

[35] *Information from ERDA:⋯*, op. cit, pp. 1-2.

[36] Personal interview with Augustine Pitrolo.

[37] Telephone interview with Phil Waldron.

[38] "DOD, ERDA Seek Space Power Focus," *Aviation Week & Space Technology*, September 13, 1976, pp. 79 and 83.

[39] Information in the first two paragraphs taken from Washbum, *Distant Encounters,* op. cit., pp. 48-49.

[40] Personal interview with Vincent Truscello.

[41] *Ibid.*

[42] *Space Nuclear Systems Briefing Book,* Department of Energy, February 1982 (section on "Use of Nuclear Power in Space by the United States of America," p. 9). (From

DOE archives.)

[43] "ERDA News Feature: Nuclear Power to Make Possible Longest Space Mission," July 29, 1977, p. 1. (From DOE archives.)

[44] Personal interview with Rod Mills.

[45] "VOYAGER: Running a Planetary Post Pattern" (by Mark D. Zimmerman), *Machine Design*, August 25, 1977, pp. 26, 29.

[46] *Ibid.*, p. 29.

[47] Washburn, Distant Encounters, op. cit., p. 83.

[48] *Ibid.*

[49] "Technology: Plutonium Power for Space Exploration," New York Times, August 31, 1977. (From DOE archives; page number not discernible.)

[50] "Space Nuclear Power Gains Foreseen," *Aviation Week & Space Technology*, October 17, 1977, p. 129.

[51] *Program Plan: Office of Special Nuclear Projects (Space and Special Radioisotopic Systems Applications, Department of Energy), Revised 6/12/84*, p. 13. (From DOE archives.)

[52] "Solar-Polar Plans Advance Despite Pullout by NASA," *Aviation Week & Space Technology*, December 28, 1981, p. 12.

[53] "Space… Power Gains…," *Aviation Week…*, op. cit, p. 129.

[54] *Nuclear Electric Power for Space Systems: Technology Background and Flight Systems Program* by Gary L. Bennett, James J. Lombardo, and Bernard J. Rock, Space and Terrestrial Systems Division, U.S. Department of Energy) paper delivered at 16th Intersociety Energy Conversion Engineering Conference, Atlanta, Georgia, August 9-14, 1981, p. 3.

[55] See Holl, op. cit., p. 8.

[56] *Ibid.*

[57] "Technology's Brighter Image," *Machine Design,* July 24, 1980, p. 67.

[58] "NASA Moves to Salvage Planetary Program," *Aviation Week & Space Technology*, November 2, 1981, p. 16

[59] "Science Academy Asks Caution in Research, Development Cuts," *Aviation Week &*

Space Technology, November 2, 1981, p. 16.

[60] "Better Than Nothing" (by William H. Gregory), *Aviation Week & Space Technology*, July 12, 1982, p. 13. President Reagan quoted from *Public Papers of the Presidents of the United States: Ronald Reagan, 1982*, Book II (Washington: U.S. Government Printing Office, 1983), p. 892.

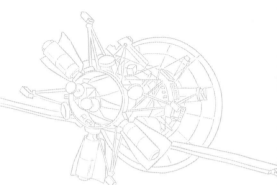

第八章

往日教训和未来挑战

计划沿袭的经验教训

空间 RTG 计划运行的时间不到 30 年，尽管其前身可以追溯到半个多世纪以前。虽然存在反复的预算增长和缩减，但该计划仍然取得许多技术进步和成功。在由一小部分专业人员组成的核心团队的管理下，RTG 计划在空间探索和核动力应用环境的众多组织变革和变迁中得以持续。作为需要大量公共资源和社会各部门支持的现代活动的一部分，该计划积累了在现代环境中关于技术研发的生存和连续性的广泛经验。此外，RTG 计划跨越了两个技术领域——原子能和太空探索，这两个领域在 20 世纪下半叶一直是备受关注和争议的焦点。

在这一技术发展的历史中，它依托相对较小的计划，并由相对较小的团队管理和培养，有着重要的经验教训。

(1) 小而"安静"的优势。

在一个人们对技术 (特别是"超级技术") 有着复杂情绪的时代，小而安静可能有优势。RTG 计划的许多参与者可能会同意，做大并不总是最好的，尤其是当做大伴随着高期望的压力时。多年来，空间核反应堆电源和空间核推进工作比 RTG 计划吸引了更多资源、更多关注和更大压力。当空间核反应堆电源和空间核推进工作因极端的预算压力和对核能与太空活动的日益不满而受到限制时，这种安静技术不仅继续发展，而且获得了越来越多的支持。适度的资金也意味着，来自私营承包商寻求分一杯羹的压力较小，并为培养核心技术人员和倡导者创造了条件——这些核心人员，包括政府雇员和私营承包商，都热衷于证明和改进他们的技术。

(2) 早期解决基本技术问题的重要性。

当 RTG 技术首次公开时，它被认为是一个已经取得"突破"的技术领域，能够利用热电偶直接从同位素衰变热中获得电力，使空间应用立即成为可能。这一突破得到了培育和利用；应用的机会成为积累知识和经验的基础，这些知识和经验紧密围绕着这项已被证明的技术能力。多年来，人们在热源、材料、热电偶工艺、转换工艺和安全程序等方面寻求并实现了进步。此外，这项技术一直持续到"原始突破"[①]不再具有决定性、重要性的那一天。相关技术进步使同位素动态发电方案变得可行；在同位素热驱动旋转装置的发电系统中，人们寻求降低每瓦功率的成本[②]。因此，RTG 开发周期具有超越原始突破和早期障碍的连续性[③]。

(3) 安全和责任的重要性。

RTG 计划的参与者会同意，在核领域的安全问题上，人们再怎么小心、担心也不为过。由于担心一次事故会破坏整个计划，他们很早就开始关注并解决安全问题。他们还维持一项传统——按照既

---

①　译者认为，"原始突破"是指 1945 年米勒演示验证的技术——将出射带电粒子的动能直接转换为电能的静态转换技术。——译者注

②　译者认为，此处指 SNAP-1 取得的相关技术进步。SNAP-1 装置利用铈 -144 的衰变热加热液态汞沸腾以驱动小型涡轮机发电，是一种动态转换系统，且在 1945 年米勒制造的世界首个核电池的基础上显著提升了转换效率和比功率。——译者注

③　RTG 是一种基于静态温差发电技术的发电装置，技术路线与世界首个核电池和 SNAP-1 均不相同，因而称之为"超越原始突破和早期障碍"。——译者注

定程序提供关于潜在危害的公共信息，并在任务中止时提供后续信息。安全研发与 RTG 技术研发齐头并进，并与特定航天器紧密结合。安全概念、程序和测试的变化与新任务要求、新 RTG 构型、增加的燃料用量引发的新风险保持同步。尽管该安全计划增加了 RTG 用户的成本，但它帮助 RTG 计划度过了核电的困难时期。

(4) 肩负使命的重要性。

当技术研发必须以任务要求为依据并与任务要求相联系时，技术研发可能会受到极大的限制并难以进行。马丁核开发商早就提出了这一投诉；在该计划的整个历史中，这种声音一直在持续，因为人们在计划中表达了对"工作车间"角色的不满。然而，回顾过去，计划的主要管理者发现，正是寻找并获得任务的能力使计划及其技术发展得以持续，因为当开发工作与任务强绑定后将极大地降低大环境和反复无常因素的影响。对于计划内部成员，只需证明计划所需资源和责任重大的预算支出与开发内容一致以满足任务进度，而为任务辩护和确保大型任务进度的压力落在了计划之外的人身上。RTG 计划人员经常评论说，推迟任务进度是有帮助的，因为"我们永远不会让发射日期提前。"因此，计划有时受益于任务进度的推迟，因为这并不会对计划本身造成不良影响，反而是保持了计划始终"在发射台准备就绪"的纪录。当然，如果计划由于自身原因不得不削减或"停止"某项活动，任务依赖性很有可能导致一些非常负面的结果，包括任务推迟、缩减，或者——最糟糕的是——取消，从而使计划失去驱动力和连续性。

(5) 灵活性和连续性的重要性。

灵活性在完成现代大规模活动中非常重要，有助于应对大环境。但良好的灵活性建立在技术能力和技术自信的基础上。计划人员必须知道他们必须提供什么，并准备好向他人解释产品，同时适应不断变化的优先级、观念和关注点。在 RTG 计划的故事中，大型组织中的许多变化在很大程度上并不至关重要，因为团队成员专注于任务，并决心证明和改善他们的技术，所以它们对于一个长期的、专注的、有经验的核心团队来说是无关紧要的。今天的 RTG

计划经理伯纳德·洛克可以回顾自己参与该计划 20 多年的经历。目前，仍在身边的关键人员是乔治·奥格本和泰德·多布里，其中奥格本是 20 世纪 50 年代后期的"创始者"之一，现在担任伽利略号和太阳极区项目的安全核官员，多布里现在在能源部担任更高级别的安全职务。如今，洛克的两位关键总监之一是詹姆斯·伦巴多，他于 1971 年加入该计划，曾担任林肯实验卫星 8 号、9 号以及旅行者号等任务的经理，现在担任核系统开发总监。另一位是加里·贝内特，他早期担任林肯实验卫星 8 号、9 号以及旅行者任务的核动力飞行安全经理，后来从多布里手中接过了计划的安全职能①。因此，连续性极大地促进了工作能力和灵活性的提升，同时增强了坚持、学习和适应的本领。

(6) 抓住机会的能力。

在大规模活动中，积极地与大环境里的各种力量进行对接以影响变革是至关重要的。相比之下，对于一个无法影响大环境的"组件级计划"，则必须能够等待公共和政治变革浪潮的来临，同时避免被它们所淹没。公众、总统和国会可能会感到矛盾并改变他们的态度。他们可以忽略一项太空计划，但却被卷入太空时代；例如，他们可以害怕核能与核电的"大技术"形态②，但可接受并支持安静的核技术在医疗和治疗中的应用——同时准备支持新的"奇迹"应用，在未知领域开辟新的前景。一项嵌入了太空和核发展与应用的计划必须准备好抓住各种机会，尤其是那些因人类想象力而产生的机会。

---

① 目前仍然担任能源部顾问的迈克·迪克斯回忆起和泰德·多布里回到了马丁·巴尔的摩的"风笛手"计划时代，当时涉密的核工作是在该公司核部门的封闭"锅炉房"完成的。——原文注

② "大技术"形态指以空间反应堆、核推进为代表的大型特种核动力技术，甚至包括以核武器形态存在的战略威慑技术。——译者注

RTG 计划路在何方

许多航天界人士相信，美国的太空计划将在 20 世纪蓄势待发。NASA 的索芬预测了载人火星任务的可能性："宇航员必须在太空停留 1 年，这样行星才能正确排列，以便返回。苏联人已经在轨道上停留了 211 天。"[1] 同样来自美国 NASA 的米尔斯感觉到了 NASA 内部的气候变化，这反映了大环境的总体变化。他谈到了 1985 年启动的火星地球化学勘测器，该勘测器将开始对火星进行更有条理观察，并认为与近年来相比，NASA 并不那么关心地球应用。米尔斯认为，"仅仅就所获得的知识的价值而言，太空探索就得到了相当有力的支持。我们再也无法获得能与维京号比肩的成就了。但大约 1 年前，成立了一个委员会，研究未来 20 年的行星计划。它得到了科学界的良好支持。"该委员会规划每年将新启动一项空间科学计划，目前 NASA 的科学应用预算为 10 亿美元。"只要这些任务（在探索过程中）远离太阳，"他说，"我们就可能使用 RTG。"[2]

在加利福尼亚州帕萨迪纳的喷气推进实验室，特鲁塞洛和斯塔普费尔参与了重新安排的伽利略号和太阳极区任务，对 RTG 的未来提出了更多的警告。RTG 是远离太阳进行太空探索的必需品——将用于太阳极区任务，因为在回到围绕太阳极区的轨道之前，该任务中的航天器将利用行星的引力产生弹弓效应一路前往木星。斯塔普费尔警告说："RTG 的最大问题是成本，大型且昂贵的太空任务的日子可能不多了。RTG 占任务成本的很大一部分。"此外，过去 RTG 的燃料成本很低，因为能源部承担了大部分成本，很快用户将不得不支付燃料的全部成本。从乐观的角度看，斯塔普费尔说，RTG 可以适应未来的任务设计方法，"为了节省成本，现在的想法是设计满足多个任务的航天器。这一思路看起来对 RTG 很奏效。你们不需要对它们进行大量重新设计。"[3]

然而，特励达公司的 RTG 人员在后来的空间任务中失败了，因此他们对 RTG 的空间应用未来不太乐观。他们相信，地面应用比空间应用有更好的未来。"从事 RTG 业务的实际上只有两家商业公司，"根据林库斯的说法，"通用电气公司占据了所有空间 RTG 项目，而我们（特励达公司）基本上包揽了所有地面 RTG 项目。即便通用电气公司都拿到了较大的空间 RTG 合同，但我真的觉得我们发展地面 RTG 的未来会更好。NASA 将一半预算投入航天飞机，试图吸引公众对未来的关注。我支持航天飞机计划，但我认为这可能会使需要 RTG 的深空探测计划大打折扣。"[4]

卡彭特目前在一家私营航空公司工作，他看到了空间 RTG 未来的可能性，主要是在国防应用中。他承认，我们在让军方持续启动新任务方面遇到了挫折。他报告说，林肯实验卫星任务的产生，是源于一位空军上校的热情，因为他希望看到这一点①。尽管，林肯实验卫星在 1976 年成功发射，并且此后国防任务没有再使用 RTG，但卡彭特坚持认为，空间 RTG 的伟大未来在于军用，尤其是考虑到平民对核问题的态度时。"传统上，军方认为他们必须控制他们所做的一切。他们不能允许说国家的防御取决于军方无法控制的事情。"因此，在核能的军事应用中存在一些特殊问题，因为美国的核能资源一直处于独一无二的民用机构控制之下。此外，卡彭特表示，"在他们确信某些东西会起作用之前，很难从军方获得需求。他们会告诉你：'我们不会第一个使用（飞）它。'"[5]

在围绕 RTG 计划的组织大环境中，能源部的解散在里根的领导下进行，尽管由于国会在将能源部职能分配给其他机构的问题上的妥协而放缓。例如，武装部队委员会的参议员约翰·托尔表示担心，如果将武器计划交由商务部管理，可能会使其黯然失色。[6] 将能源视为应对气候变化的关键问题进一步减缓了废除能源部的计划。即将离任的能源部部长詹姆斯·爱德华兹于 1982 年 10 月在国家新闻俱乐部告别时表示，能源是我们国家最严重的问题之一的时代已经过去。即将上任的部长唐纳德·霍德尔并不非常赞成解散能源部，尽管他表示该部的职能可以由另一个现有机构履行。[7]

---

① 指空军上校"希望看到 RTG 在林肯实验卫星任务中的应用"。——译者注

在考虑未来时，洛克回顾了近年来的许多技术成就：

> 我们一直在取得稳步进展。我们的热源更先进。热电材料更先进。发电器中的一些其他材料更先进。我们早期的转换器都是低温装置。今天，我们有适用于非常高温的转换器，这需要冶金技术的进步……我们的转换效率（输出电能在输入热能中的占比）水平现在高达 6%～7%；未来看起来可达到 9%~10%……太阳极区任务将为我们提供每磅 2.3 瓦的 [电源装置]，而我们最早期的装置仅为每磅 1 瓦。在未来，我们预计将达到每磅 4.5 瓦。

洛克预计"基于旋转发电装置的动态系统"将在未来发挥重要作用。[8]

核专项办公室及空间和特种放射性同位素系统应用办公室的 1984 年规划提出了指导当前 RTG 计划运营发展的两个主要目标：① "通过继续开发技术和鉴定静态与动态同位素电源系统，为美国空间动力提供可靠的核 / 同位素选项"；② "开发和交付合格的同位素能源系统，用于经批准的美国太空任务。"[9] 该规划引用了两项任务，伽利略号和太阳极区任务，均计划于 1986 年 5 ~6 月发射。该规划中的预算预测显示拟投入资金将显著增加。[10]

洛克对未来持乐观态度："我们的预测是增长。NASA 的行星系列任务已被明确定义。军方正表现出越来越大的兴趣。除了伽利略号和太阳极区任务，NASA 将于 1987 年启动 90 年代的发射任务。军方正在研究 90 年代初的任务。我们正处于这些任务的规划和开发阶段。"洛克表示，用于此类任务的将是全新的静态 RTG 装置，该装置超出了伽利略号和太阳极区上使用的通用热源型 RTG(GPHS-RTG)。最新一代 RTG 被称为"模块化同位素温差发电器 (MTG)"，该装置的发电模块具有低功率特性，有助于对装置输出功率进行微调，每个模块的调节量为 20 ～ 25 瓦。[11]

在太空计划的大局中，缺失全面的、长期的、国家级的支持性推动力。太空倡导者认识到，在太空探索中展示快速的、纯经济的投资回报是不可行的，并认为需要有远见的领导者愿意为潜在的长期回报承担政治风险。[12]

在普通公众中，或者在技术核心圈子中，很少有人期望或想要另一场太空竞赛。那些对太空 RTG 计划一直感兴趣的人们希望，过去的经验能够让人们更好地了解太空探索的价值。在《遥远的邂逅》中，马克·沃什伯恩引用了一位项目科学家的话说，"旅行者号"使我们成为了"现在可测量十亿千米尺度的人类。"沃什伯恩总结道：

> 旅行者号让我们瞥见了我们之外的一切，而旅行者号的经历让我们重新认识了我们内心的一切……[13]

随着 RTG 技术的发展，该计划已准备好让新的太空成就成为可能。

参考信息来源

[1]　Personal interview with Jerry Soffen.

[2]　Personal interview with Rod Mills.

[3]　Personal interviews with Vincent Truscello and Gerald Stapfer.

[4]　Personal interview with Guy Linkous.

[5]　Personal interview with Bob Carpenter.

[6]　Holl, op. cit, pp. 9-10.

[7]　*Ibid.*, p. 10.

[8]　Personal interview with Bernard Rock.

[9]　*Program Plan:* ⋯ *6/12/84*, op. cit, p. 3.

[10]　*Ibid.,* p. 6.

[11]　Personal interview with Bernard Rock.

[12]　See, for example, "Bean-Counting the Solar System" (by William H. Gregory), *Aviation Week & Space Technology*, December 14, 1981, p. 11.

[13]　Washburn, *Distant Encounters*, op. cit. p. 262; citation of project scientist, *ibid.*

附录 A 人名及职务对照表

1. 斯皮罗·阿格纽 (Spiro Agnew)，美国副总统
2. 阿姆斯特朗 (Jack L. Armstrong)，AEC-国防部飞行器核推进办公室主任，AEC 反应堆开发司助理司长
3. 杰克·阿姆斯特朗 (Jack L. Armstrong)，AEC 飞机反应堆处处长 [①]
4. 尼尔·阿姆斯特朗 (Neil Armstrong)，美国宇航员，登陆月球第一人
5. 詹姆斯·爱德华兹 (James B. Edwards)，能源部部长
6. 德怀特·艾森豪威尔 (Dwight D. Eisenhower)，第 34 任美国总统 (1953—1961)
7. 古弗伦·安德森 (Guveren M. Anderson)，AEC-国防部飞行器核推进项目官员，AEC 反应堆开发司 SNAP 分部负责人
8. 克林顿·安德森 (Clinton Anderson)，美国国会参议员
9. 罗杰·安德斯 (Roger Anders)，能源部历史科职员，本书指导者
10. 威廉·安德斯 (William Anders)，AEC 委员
11. 乔治·奥格本 (George Ogburn)，能源部核安全项目官员
12. 班纳特 (R. D. Bennet)，马丁公司总经理
13. 切斯特·鲍尔斯 (Chester Bowles)，美国副国务卿
14. 亨利·贝可勒尔 (Henri Becquerel)，法国物理学家，诺贝尔物理学奖获得者
15. 加里·贝内特 (Gary Bennett)，RTG 计划安全总监

---

① 猜测与 AEC-国防部飞行器核推进办公室主任"阿姆斯特朗"为同一人，未有明确证据。——译者注

16. 别利亚科夫 (V. A. Beliakov)，苏联杜布纳联合核研究所专家

17. 艾伦·比恩 (Alan Bean)，阿波罗 12 号任务航天员

18. 约翰·博登 (John Birden)，热电转换技术专利发明者、持有者之一

19. 罗伯特·鲍勃·布罗恩斯 (Robert Bob Brouns)，兰利研究中心的维京号 RTG 项目代表

20. 约翰·达索拉斯 (John Dassoulas)，APL 项目官员

21. 休·德赖登 (Hugh Dryden)，NASA 副局长

22. 小查理斯·邓肯 (Charles Duncan Jr.)，能源部部长

23. 戈登·迪恩 (Gordon Dean)，AEC 第二任主席

24. 保罗·迪克 (Paul J. Dick)，马丁·玛丽埃塔公司核部门工程师

25. 乔治·迪克斯 (George Dix)，马丁公司同位素电源计划安全负责人，AEC 太空核安全项目负责人

26. 迈克·迪克斯 ① (Mike Dix)，能源部顾问

27. 哈里·杜鲁门 (Harry S.Truman)，第 33 任美国总统 (1945—1953)

28. 泰德·多布里 (Ted Dobry)，能源部高级别安全官员

29. 理查德·恩格勒 (Richard E. Engler)，本书原文作者

30. 詹姆斯·范艾伦（James A. Van Allen），先驱者 11 号任务首席调查员

31. 哈里·芬格（Harry Finger），美国国会议员

32. 哈罗德·芬格 (Harold Finger)，AEC-NASA 联合项目办公室经理

33. 詹姆斯·弗莱彻（James Fletcher），NASA 局长

34. 约翰·福斯特（John Foster），美国国防部官员

35. 杰拉德·福特 (Gerald Ford)，第 38 任美国总统 (1974—1977)

36. 约翰·格雷厄姆 (John Graham)，AEC 代理主席

---

① 与乔治·迪克斯 (George Dix) 为同一人。——译者注

37. 约翰·格伦 (John H. Glenn)，美国首位环绕地球飞行的宇航员

38. 基思·格伦南 (Keith Glennan)，NASA 第一任局长

39. 休伯特·汉弗莱 (Hubert H. Humphrey)，美国副总统

40. 尼基塔·赫鲁晓夫 (Nikita S. Khrushchev)，苏联共产党中央委员会第一书记 (1953—1964)

41. 唐纳德·霍德尔 (Donald Hodel)，美国能源部部长

42. 查尔斯·霍尔 (Charles Hall)，NASA 先驱者号项目经理

43. 杰克·霍尔 (Jack Holl)，美国能源部历史科职员，本书指导者

44. 切特·霍利菲尔德 (Chet Holifield)，原子能联合委员会主席

45. 唐纳德·基恩 (Donald J. Keirn)，AEC 反应堆开发司飞机反应堆助理主任

46. 詹姆斯·基利安 (James R. Killian)，总统科学顾问委员会顾问

47. 乔治·基斯蒂亚科夫斯基 (George Kistiakowsky)，科学咨询委员会小组主席

48. 罗斯维尔·吉尔帕特里克 (Roswell Gilpatric)，美国国防部副部长

49. 大卫·加布里埃尔 (David Gabriel)，AEC 空间核系统部主任

50. 哈罗德·贾菲 (Harold Jaffe)，先驱者号 SNAP-19 项目负责人

51. 马丁·路德·金 (Martin L. King)，黑人民权运动领袖

52. 玛丽·居里 (Marie Curie)，法国物理学家、化学家，诺贝尔物理学奖、化学奖获得者

53. 皮埃尔·居里 (Pierre Curie)，法国物理学家

54. 刘易斯·卡罗尔 (Lewis Carroll)，美国天体物理学家

55. 鲍勃·卡彭特 (Bob Carpenter)，AEC 项目代表

56. 罗伯特·卡彭特 (Robert T. Carpenter)，AEC 职员、RTG 计划重要成员

57. 吉米·卡特 (Jimmy Carter)，第 39 任美国总统 (1977—1981)

58. 皮特·康拉德 (Pete Conrad)，阿波罗 12 号任务宇航员 (指令长)

59. 小约瑟夫·康纳 (Joseph A. Connor, Jr.)，航天核安全委员会主席、美国空军中校

60. 汤姆·科尔 (Tom Kerr)，联合空间核推进办公室协调员

61. 邓肯·克拉克 (Duncan Clark)，AEC 公共信息司主任

62. 米尔顿·克莱恩 (Milton Klein)，AEC-NASA 联合项目办公室副经理

63. 罗伯特·肯尼迪 (Robert F. Kennedy)，联邦参议员，肯尼迪总统的弟弟

64. 约翰·肯尼迪 (John F. Kennedy)，第 35 任美国总统 (1961—1963)

65. 詹姆斯·拉米 (James T. Ramey)，AEC 委员

66. 拉尔夫·拉普 (Ralph Lapp)，核评论家

67. 迪安·腊斯克 (Dean Rusk)，美国国务卿

68. 梅尔文·莱尔德 (Melvin Laird)，国会议员

69. 迪克西·李·雷 (Dixy Lee Ray)，AEC 主席

70. 罗纳德·里根 (Ronald W. Reagan)，第 40 任美国总统 (1981—1989)

71. 大卫·利林塔尔 (David E. Lilienthal)，AEC 第一任主席

72. 列别杰夫 (R. M. Lebedev) 苏联杜布纳联合核研究所专家

73. 盖伊·林库斯 (Guy Linkous)，马丁公司核部门 RTG 项目代表

74. 卢德克 (A. R. Luedecke)，AEC 总经理

75. 詹姆斯·伦巴多 (James Lombardo)，能源部核系统开发总监

76. 伯纳德·洛克 (Bernard Rock)，RTG 计划主任，本书指导者

77. 吉姆·马丁 ① (Jim Martin)，维京号项目经理

78. 山姆·麦卡利斯 (Sam McAlees)，圣地亚公司分析师

79. 哈罗德·麦克米伦 (Harold Macmillan)，英国首相 (1957—1963)

80. 罗伯特·麦克纳马拉 (Robert S. McNamara)，美国国防部长

81. 约翰·麦肯 (John A. McCone)，AEC 第四任主席

82. 罗德·米尔斯 (Rod Mills)②，NASA 旅行者号项目经理

---

① 与詹姆斯·马丁 (James Martin) 为同一人。——译者注

② 与罗德尼·米尔斯 (Rodney Mills) 为同一人。——译者注

83. 比尔·米拉德 ①(Bill Millard)，通用电气公司 SNAP-27 项目工程师

84. 米勒 (全名不详)(P. H. Miller Jr.)，兰德尔摩根物理实验室专家

85. 乔治·米勒 (George E.Mueller)，负责载人航天的 NASA 副局长

86. 奥里斯·默多克 (Orrice Murdock)，核专项办公室职员 , 本书指导者

87. 亨利·莫塞莱 (Henry G. J. Moseley)，英国物理学家 , 世界第一个核电池发明者

88. 理查德·尼克松 (Richard M. Nixon)，第 37 任美国总统 (1969—1974)

89. 荷马·纽厄尔 (Homer Newell)，NASA 管理者，NASA 历史学家

90. 托马斯·潘恩 (Thomas O. Paine)，NASA 局长

91. 奥古斯丁·皮特罗洛 (Augustine Pitrolo)，通用电气公司 SNAP-27 项目经理

92. 弗兰克·皮特曼 (Frank R. Pittman)，AEC 反应堆开发司司长

93. 哈里·普雷斯 (Harry Press)，戈达德太空飞行中心雨云号项目总监

94. 哈罗德·普里斯 (Harold Price)，AEC 监管主管

95. 肯尼斯·乔丹 (Kenneth Jordan)，热电转换技术专利发明者、持有者之一

96. 卡尔·萨根 (Carl Sagan)，美国天文学家

97. 詹姆斯·施莱辛格 (James R. Schlesinger)，AEC 主席

98. 格哈德·斯塔普费尔 (Gerhard Stapfer)，喷气推进实验室项目人员

99. 刘易斯·斯特劳斯 (Lewis Strauss)，AEC 第三任主席

100. 斯沃特 (J. Swartout)，空间核系统-空间电源机构反应堆助理总经理

101. 杰里·索芬 (Jerry Soffen)，NASA 维京号项目科学家

---

① 与威廉·米拉德 (William Millard) 为同一人。——译者注

102. 罗素·特雷恩 (Russell Train)，环境质量委员会主席

103. 文森特·特鲁塞洛 (Vincent Truscello)，马丁公司核部门

104. 约翰·托尔 (John Tower)，美国国会参议员

105. 爱德华·威尔士 (Edward C. Welsh)，太空委员会委员

106. 詹姆斯·韦伯 (James Webb)，NASA 局长

107. 菲尔·沃尔德隆 [①] (Phil Waldron)，林肯实验卫星 8 号和 9 号项目副经理

108. 马克·沃什伯恩 (Mark Washburn)，《最后的火星！》的作者

109. 吴廷琰 (Ngo Dinh Diem)，越南共和国第一任总统 (1955—1963)

110. 格伦·西博格 (Glenn Seaborg)，美国化学家，诺贝尔化学奖获得，AEC 第五任主席

111. 小罗伯特·西曼斯 (Robert Seamans Jr.)，NASA 副局长

112. 约翰·辛普森 (John A. Simpson)，先驱者 11 号任务首席调查员

113. 汤姆·杨 (Tom Young)，维京号任务总监

114. 林登·约翰逊 (Lyndon B. Johnson)，第 36 任美国总统 (1963—1969)

---

① 与菲利普·沃尔德隆 (Philip Waldron) 为同一人。——译者注

附录 B 组织机构名称对照表

1. 阿伯丁试验场，Aberdeen Proving Ground
2. 阿尔伯克基的圣地亚公司，Sandia Corporation of Albuquerque
3. 艾姆斯研究中心，Ames Research Center
4. 爱德华兹空军基地，Edwards Air Force Base
5. 爱松特公司，Isothermal Technology Limited, Isotech (Isotec)
6. 安德鲁斯空军基地，Andrews Air Force Base, AAFB
7. 北美航空公司，North American Aviation Corporation
8. 北美航空公司原子国际部，Atomics International Division of North American Aviation, Inc.
9. 本迪克斯公司，Bendix Corporation
10. 参议院委员会，Senate Committee
11. 反应堆安全研究部，Division of Reactor Safety Research
12. 范登堡空军基地，Vandenberg Air Force Base
13. 飞行器核推进办公室，Aircraft Nuclear Propulsion Office, ANPO
14. 飞机反应堆处，Aircraft Reactors Branch
15. 冯·卡曼礼堂，Von Karman Auditorium
16. 高级研究项目机构，Advanced Research Project Agency
17. 戈达德太空飞行中心，Goddard Space Flight Center
18. 哥伦比亚广播公司，Columbia Broadcasting System,CBS
19. 公共信息办公室，Public Information Office
20. 国防部，Department of Defense，DOD
21. 国防部-能源研究与发展管理局空间核系统应用指导小组，DOD-ERDA Space Nuclear Systems Applications Steering Group

22. 国会山，Capitol Hill
23. 国际原子能机构，International Atomic Energy Agency，IAEA
24. 国家海洋和大气管理局，National Oceanic & Atmospheric Administration
25. 国家航空航天局 (宇航局)，National Aeronautics and Space Administration，NASA
26. 国家航空航天委员会，National Aeronautics and Space Council
27. 国家科学院，National Academy of Sciences
28. 国家新闻俱乐部，National Press Club
29. 国务院，State Department
30. 海岸警卫队，Coast Guard
31. 海军陆战队，Marine Corps
32. 航天核安全委员会，Aerospace Nuclear Safety Board
33. 航天器装配与封装中心，Spacecraft Assembly and Encapsulation Center
34. 核管理委员会，Nuclear Regulatory Commission,NRC
35. 核火箭开发站，Nuclear Rocket Development Station
36. 核系统与空间电源部，Nuclear Systems & Space Power Division
37. 核研究与应用部，Division of Nuclear Research and Applications
38. 核专项办公室，Office of Special Nuclear Projects
39. 环境保护局，Environmental Protection Agency
40. 环境质量委员会，Council on Environmental Quality
41. 加州大学伯克利分校，University of California at Berkeley
42. 卡纳维拉尔角，Cape Canaveral
43. 科学顾问委员会小组，Science Advisory Committee panel
44. 科学技术办公室，Office of Science & Technology
45. 肯尼迪航天中心，Kennedy Space Center
46. 肯尼迪角，Cape Kennedy
47. 空间电源办公室，Space Electric Power Office
48. 空间和特种放射性同位素系统应用办公室，Office of Space and Special Radioisotope Systems Applications

49. 空间核动力办公室，Space Nuclear Power Office
50. 空间核系统部，Space Nuclear Systems Division
51. 空军，Air Force
52. 空军航空航天医学院，Air Force School of Aerospace Medicine
53. 跨机构核安全审查小组，Interagency Nuclear Safety Review Panel, INSRP
54. 兰德公司，RAND Corporation
55. 兰利研究中心，Langley Research Center
56. 联邦电力委员会，Federal Power Commission
57. 联邦辐射委员会，Federal Radiation Council
58. 联邦能源办公室，Federal Energy Office
59. 联邦能源管理局，Federal Energy Administration
60. 联合空间核推进办公室，Joint Space Nuclear Propulsion Office
61. 林肯实验室，Lincoln Laboratory
62. 洛斯阿拉莫斯科学实验室[①]，Los Alamos Scientific Laboratory, LASL
63. 麻省理工学院，Massachusetts Institute of Technology,MIT
64. 马丁·巴尔的摩公司核部门，Nuclear Division of Martin-Baltimore Martin-Nuclear
65. 马丁·玛丽埃塔，Martin Marietta[②]
66. 马丁公司，Martin Company
67. 美国参议院，U.S. Senate
68. 美利坚大学，American University
69. 孟山都公司，Monsanto
70. 明尼苏达矿业和制造公司，Minnesota Mining and Manufacturing (3M) Company

---

① 能源部旗下洛斯阿拉莫斯科学实验室的前身。——译者注
② 马丁公司与玛丽埃塔公司合并后。——译者注

71. 莫菲特场 ①，Moffett Field

72. 内政部，Department of Interior

73. 能源部，Department of Energy，DOE

74. 能 源 研 究 与 发 展 管 理 局，Energy Research and Development Administration，ERDA

75. 能源研究与发展咨询委员会，Energy Research and Development Advisory Council

76. 能源政策工作组，Energy Policy Task Force

77. 欧洲航天局 ②，European Space Agency,ESA

78. 喷气飞机公司，Aerojet

79. 喷气推进实验室，Jet Propulsion Laboratory

80. 史密森学会，Smithsonian Institution

81. 苏联部长会议主席团，Praesidium of the Council of Ministers of the U.S.S.R.

82. 太空委员会，Space Council

83. 太阳系探索委员会，Solar System Exploration Committee, NASA

84. 汤普森兰姆伍尔德里奇公司，Thompson Ramo Wooldridge TRW

85. 特励达公司，Teledyne Corporation

86. 通用电气公司，General Electric,GE

87. 通用公用事业公司，General Public Utilities

88. 通用原子公司，General Atomic

89. 土墩实验室，Mound Laboratory

90. 五角大楼，Pentagon

91. 武装部队委员会，Armed Services Committee

92. 西屋电气公司，Westinghouse Electric

93. 橡树岭国家实验室，Oak Ridge National Laboratory, ORNL

94. 应用物理实验室，Applied Physics Laboratory，APL

---

① 位于美国加利福尼亚州。——译者注

② 又简称"欧空局"。——译者注

95. 原子国际公司，Atomic International

96. 原子能联合委员会，Joint Committee on Atomic Energy，JCAE

97. 原子能委员会，Atomic Energy Commission ，AEC

98. 约翰霍普金斯大学，Johns Hopkins University，JHU

99. 自然资源部，Department of Natural Resources

100. 总统办公厅，Executive Office of President

101. 总统科学顾问委员会，President's Science Advisory Committee

102. AEC-NASA 空间核系统联合办公室，The joint AEC-NASA Space Nuclear Systems Office

103. AEC-NASA 联合协调委员会，The joint AEC-NASA coordinating board

104. AEC 反应堆开发司，Division of Reactor Development of the AEC

105. AEC 公共信息司，Division of Public Information of the AEC

106. AEC 许可与监管司，Division of Licensing and Regulation of the AEC

107. AEC 预算局，Bureau of the Budget

附录 C 参考资料信息来源说明

撰写这段历史使用了各种类型的素材。起初，用计算机对能源部图书馆进行广泛地搜索，包括橡树岭实验室的数据库在内。搜索结果表明，得到的诸如技术报告类型的素材对撰写这段历史没有帮助。因而，本书主要依赖于其他三个信息来源：一、能源部档案馆的素材，由能源部历史科的罗杰·安德斯鉴别和收集；二、国会图书馆的数据库，回顾了报纸、期刊、技术期刊和书籍的相关内容；三、采访。

运用了三类信息：一、技术发展事件；二、机构变革事件；三、社会环境事件。使用了五种素材，讨论如下：

一、印刷报告和政府文件

1. Bennett, Gary L., James J. Lombardo, and Bernard J. Rock. *Nuclear Electric Power for Space Systems: Technology Background and Flight Systems Program*. Published paper delivered at 16th Intersociety Energy Conversion Engineering Conference, Atlanta, Georgia, August 9-14, 1981.

2. Bennett, Gary L., James J. Lombardo, and Bernard J. Rock. *U.S. Radioisotopic Thermoelectric Generator Space Operating Experience (June 1961-December 1982), paper presented before the 18th Intersociety Energy Conversion Engineering Conference, Orlando, Florida, August 21-26, 1983.*

3. Craig, Carol. *RTG Source of Power: A History of the Radioisotopic Generators Fueled at Mound*. Miamisburg, Ohio: Mound Public Relations, 1983.

4. Eisenhower, Dwight D. *Public Papers of the Presidents of the United States: Dwight D. Eisenhower, 1953*. Washington: U.S. Government Printing Office, 1960.

5. Harvey, D.G. and T.J. Dobry. *Safety Analysis of the Transit Generator*, The Martin Company, MND-P-2479, March 1961.

6. National Aeronautics and Space Administration. *Aeronautics and Space Report of the President: 1980 Activities*. Washington: National Aeronautics and Space Administration, 1980.

7. U.S. Atomic Energy Commission. *Snap Nuclear Generator Press Kit* Washington: Atomic Energy Commission, June 26, 1961.

8. U.S. Atomic Energy Commission. *Systems for Nuclear Auxiliary Power: A Report by the Commission — 1964*. TID-20103. Washington: U.S. Atomic Energy Commission, February 1964.

9. U.S. Atomic Energy Commission. *Twenty-third Semiannual Report of the U.S. Atomic Energy Commission*. Washington: U.S. Government Printing Office, January 1958.

10. U.S. Congress. *Hearings before Subcommittees of the Joint Committee on Atomic Energy (Outer Space Propulsion By Nuclear Energy)*. Eighty-Fifth Congress, January 22, 23, and February 6, 1958. Washington: U.S. Government Printing Office, 1958.

11. U.S. Congress. *Hearings before Subcommittees of the Joint Committee on Atomic Energy (Development, Growth, and State of the Atomic Energy Industry)*. Eighty-Seventh Congress, February 21, 23, 24, 27, 28; March 1, 2, and 3, 1961. Washington: U.S. Government Printing Office, 1961.

12. U.S. Congress. *Hearings before the Joint Committee on Atomic Energy (Development, Growth, and State of the Atomic Energy Industry)*. Eighty-Seventh Congress, March 20, 21, 22, and 23, 1962. Washington: U.S. Government Printing Office, 1962.

13. U.S. Congress. *Hearings before the Subcommittee on Research, Development and Radiation of the Joint Committee on Atomic Energy (Space Nuclear Power Applications)*. Eighty-Seventh Congress (Second Session), September 13, 14, and 19, 1962. Washington: U.S. Government Printing Office, 1962.

14. U.S. Congress. *Hearings before the Joint Committee on Atomic Energy (Development, Growth, and State of the Atomic Energy Industry)*. Eighty-Eighth Congress, February 20 and 21, 1963. Washington: U.S. Government Printing Office, 1963.

15. U.S. Congress. *Hearings before the Joint Committee on Atomic Energy (First Session on Space Nuclear Power Generators)*. Eighty-Ninth Congress, August 6, 1965. Washington: U.S. Government Printing Office, 1966.

16. U.S. Congress. *Hearings before the Joint Committee on Atomic Energy (Authorizing Legislation Fiscal Year 1967)*. Eighty-Ninth Congress (Second Session), January 25, February 15, and March 4 and 8, 1966. Washington: U.S. Government Printing Office, 1966.

17. U.S. Congress. *Hearings before the Joint Committee on Atomic Energy (Authorizing Legislation Fiscal Year 1968)*. *Ninetieth Congress (First Session)*, Part 3, February 28, March 2 and 3, 1967. Washington: U.S. Government Printing Office, 1967.

18. U.S. Congress. *Hearings before the Joint Committee on Atomic Energy (Authorizing Legislation Fiscal Year 1969)*. Ninetieth Congress (Second Session), Part 1, January 30 and 31, February 5 and 6, 1968. Washington: U.S. Government Printing Office, 1968.

19. U.S. Congress. *Hearings before the Joint Committee on Atomic Energy (Authorizing Legislation Fiscal Year 1970)*. Ninety-First Congress (First Session), Part I, April 17 and 18, 1969. Washington: U.S. Government Printing Office, 1969.

20. U.S. Congress. *Hearings before the Joint Committee on Atomic Energy (Authorizing Legislation Fiscal Year 1971)*. Ninety-First Congress (Second Session), Part 1, February 18 and 19, 1970. Washington: U.S. Government Printing Office, 1970.

21. U.S. Congress. *Hearings before the Joint Committee on Atomic Energy (Authorizing Legislation Fiscal Year 1972)*. Ninety-Second Congress (First Session), Part 3, March 9, 16, and 17, 1971. Washington: U.S. Government Printing Office, 1971.

22. U.S Congress. *Joint Hearing before the Joint Committee on Atomic Energy Congress of the U. S. and the Committee on Interior and Insular Affairs of the U.S. Senate (Nomination of Dr. Robert C. Seamans, Jr., To Be Administrator, ERDA)* Ninety-Third Congress, (Second Session), December 11, 1974. Washington: U.S. Government Printing Office, 1974.

23. U.S. Congress. *Hearings before the Subcommittee on Legislation of the Joint Committee on Atomic Energy (ERDA Authorizing Legislation Fiscal Year 1977)*. Ninety-Fourth Congress (Second Session), Part 2, February 4, 1976. Washington: U.S. Government Printing Office, 1976.

24. U.S. Congress. *United States Code: Congressional and Administrative News*. Eighty-Third Congress — Second Session, 1954, Vol. 2. West Publishing Co. and Edward Thompson Company, 1954.

二、书籍和小册子

1. Allardice, Corbin and Edward R. Trapnell. *The Atomic Energy Commission*. New York, Washington: Praeger Publishers, 1974.

2. Buck, Alice L. *A History of the Atomic Energy Commission*. Washington: U.S. Department of Energy, July 1983.

3. Buck, Alice L. *A History of the Energy Research and Development*

Administration. Washington: U.S. Department of Energy, March 1982.

4. Chapman, Richard L. *Project Management in NASA*. Washington: National Aeronautics and Space Administration, 1973.

5. Corliss, William R. and Douglas G. Harvey. *Radioisotopic Power Generation*. Englewood Cliffs, N.J.: Prentice-Hall, Inc., 1964.

6. Cortright, Edgar M. *Apollo Expeditions to the Moon*. Washington: National Aeomautics and Space Administration, 1975 (NASA SP-334).

7. Dean, Prentice C. *Energy History Chronology from World War II to the Present*. Washington: U.S. Department of Energy, August 1982.

8. Dempsey, John C and Paul Polishuk. *Radioisotopes for Aerospace, Part I: Advances and Techniques*. New York: Plenum Press, 1966.

9. Ford Daniel. *The Cult of the Atom*. New York: A Touchstone Book Published by Simon and Schuster, Inc., 1982

10. Gantz, Kenneth F. *Nuclear Right*. New York: Duell, Sloan & Pierce, 1960.

11. Hewlett, Richard G. and Oscar E. Anderson, Jr. *A History of the United States Atomic Energy Commission (Vol. I)*: The New World, 1939/1946. University Park, Pa.: The Pennsylvania State University Press, 1962.

12. Hogerton, John F. *The Atomic Energy Deskbook*. New York: Reinhold Publishing Corporation, 1963.

13. Holl, Jack M. *The United States Department of Energy: A History. Washington: U.S. Department of Energy, November 1982*.

14. Killian, James R. *Sputnik, Scientists, and Eisenhower*. Cambridge & London: The MIT Press, 1976.

15. Kistiakowsky, George B. *A Scientist at the White House*. Cambridge: Harvard University Press, 1976.

16. Klass, Philip J. *Secret Sentries in Space*. New York: Random House, 1971.

17. Levine, Arnold S. *Managing NASA in the Apollo Era*. Washington: National Aeronautics and Space Administration, 1982.

18. Logsdon, John M. *The Decision to Go to the Moon: Project Apollo and the National Interest*. Cambridge, Mass., and London, England: The MIT Press, 1970.

19. Mazuzan, George T., and Walker, J. Samuel. *Controlling the Atom: The Beginning of Nuclear Regulation, 1946—1962*. Berkeley, Los Angeles, London; University of California Press, 1984. National Aeronautics and Space Administration. Voyager to Jupiter and Saturn. Washington: National Aeronautics and Space Administration, 1977 (NASA SP-420).

20. Newell, Homer E. *Beyond the Atmosphere*. Washington: National Aeronautics and Space Administration, 1980.

21. Pedersen, Erik S. *Nuclear Energy in Space*. Englewood Cliffs, N.J.: Prentice-Hall, Inc., 1964.

22. Rolph, Elizabeth S. *Nuclear Power and the Public Safety*. Lexington, Mass: Lexington Books, 1979.

23. Schell, Jonathan. *The Time of Illusion*. New York: Alfred A. Knopf, 1976.

24. Seaborg, Glenn T. *Kennedy, Khruschev, and the Test Ban*. Berkeley: University of California Press, 1981.

25. Seaborg, Glenn T. and William R. Corliss. *Man and Atom*. New York: E.P. Dutton and Company, Inc., 1971

26. Washburn, Mark. *Distant Encounters*. San Diego: Harcourt Brace Jovanovich, 1983.

27. Washburn, Mark. *Mars at Last!* New York: G.P. Putnam's Sons, 1977.

28. Webb, James E. *Space Age Management: The Large-Scale Approach*. New York: McGraw-Hill, 1969.

29. Wilford, John Noble. *We Reach the Moon*. New York, Toronto,

London: Bantam Books, 1969.

三、文章

1. "Sputnik in the Sky" (by Robert Hotz). A*viation Week & Space Technology*, October 14, 1957, p. 21.

2. "USAF Pushes Pied Piper Space Vehicle." *Aviation Week & Space Technology*, October 14, 1957, p. 26.

3. "5-Lb. Device Hailed as Big Breakthrough." *The Evening Star* (Washington, D.C.), January 16, 1959. (page number not discernible.)

4. "President Shows Atom Generator." *The Evening Star* (Washington, D.C.), January 16, 1959, p.l.

5. "First Atom Battery Developed by U.S." *The Washington Post*, January 17, 1959, p.l.

6. "Isotopic Power Ready for Space but Caution Delays Use." *Nucleonics*, July 1960, pp. 26-27.

7. "Nuclear Power in Outer Space." *Nucleonics*, August 1960, pp. 58-63.

8. "Special Report on Nuclear Energy in Space." *Nucleonics*, April 1961 (Special Issue).

9. "Nuclear Power Is a Space Issue." *New York Times*, May 16, 1961. (page number not discernible).

10. "U.S. Wary of Using Atom Device in Satellite Flight Across Cuba." *New York Times*, May 16, 1961, p. 2.

11. "3-in-l Satellite Is World's First." *New York Journal American*, June 29,1961, p. L

12. "The March on Washington." (Cover Story), *Newsweek*, September 2, 1963.

13. "Test Ban: 16 to 1." *Newsweek*, September 9, 1963, p. 23.

14. "Kennedy's Offer Stirs Confusion, Dismay" (by Alfred P. Alibrando). *Aviation Week & Space Technology*, September 30, 1963, p. 21.

15. "Kennedy's Space Boomerang" (Robert Hotz. *Aviation Week & Space Technology*, September 30, 1963, p. 21.

16. "Snap 9-A Isotope Generator Powers Navy Navigation Satellite." *Aviation Week & Space Technology*, October 7, 1963, p. 21.

17. "What the White Man Thinks of the Negro Revolt." *Newsweek*, October 21, 1963.

18. "Vietnam: The Showdown." *Newsweek*, November 5, 1963.

19. "An Indelible Mark" (by Robert Hotz). *Aviation Week & Space Technology, December 2, 1963, p. 21.*

20. "Continued Space Effort." *Aviation Week & Space Technology*, December 2, 1963, p. 28.

21. "John Fitzgerald Kennedy." *Newsweek*, December 2, 1963.

22. "Johnson Familiar With Aerospace Facilities." *Aviation Week & Space Technology*, December 2, 1963, p. 26.

23. "Johnson Stress on Military Space Seen." *Aviation Week & Space Technology*, December 2, 1963, p. 26.

24. "Another Step Forward" (by Robert Hotz). *Aviation Week & Space Technology*, December 16, 1963, p. 25.

25. "Nuclear Flight Programs Cancelled as President Trims FY '65 Budget." *Aviation Week & Space Technology*, December 30, 1963, p. 22.

26. "Options in Vietnam." *Aviation Week & Space Technology*, April 6, 1964, p. 19.

27. "South Vietnamese Raiders Extending War" (by Larry Booda). *Aviation Week & Space Technology*, April 6, 1964, pp. 16-18.

28. "Washington Roundup." *Aviation Week & Space Technology*, April 27, 1964, p. 25.

29. "The Long War" (by Robert Hotz). *Aviation Week & Space Technology*, January 3, 1966, p. 11.

30. "AEC Doubles Space Radioisotope Efforts." *Aviation Week & Space Technology*, January 10, 1966, p. 78.

31. "Washington Scene: AAP-Wednesday's Child" (by Henry Simons). *Astronautics and Aeronautics*, February 1966, p. 5.

32. "Nimbus Snap-19 Generators Recovered." *Aviation Week & Space Technology*, October 14, 1968, p. 16.

33. "Washington Roundup." *Aviation Week & Space Technology*, April 6, 1969, p. 17.

34. "Exuberance Sets Tone of First EVA." *Aviation Week & Space Technology*, November 24, 1969, pp. 20ff.

35. "Scientists Concede Value of Man in Lunar Experiment Deployment." *Aviation Week & Space Technology*, December 1, 1969, pp. 20-21.

36. "Crew Describes Apollo 13 Crisis." *Aviation Week & Space Technology*, April 27, 1970, p. 20.

37. "Fly on the Flypaper" (by Robert Hotz). *Aviation Week & Space Technology*, May 11, 1970, p. 13.

38. "Outlook for 1971" (by Robert: Hotz). *Aviation Week & Space Technology*, January 11, 1971, p. 9.

39. "Overlooked Space Program Benefits" (by Robert Hotz). *Aviation Week & Space Technology*, March 15, 1971, p. 11.

40. "Aerospace Business in the Seventies" (by Abraham Hyatt, North American Rockwell Corp.). *Astronautics and Aeronautics*, July 1971, p. 49.

41. "Sounder Planning Required" (by Robert Hotz). *Aviation Week & Space Technology*, December 11, 1972.

42. "The Last Liftoff" (by Robert Hotz). *Aviation Week & Space Technology*, December 11, 1972, p. 17.

43. "Pioneer 10 Blazes Path to Jupiter, Beyond." *Aviation Week & Space Technology*, December 10, 1973, p.21.

44. "Pioneer's Successes Buoys Saturn Hopes." *Aviation Week & Space Technology*, December 9, 1974, p. 16.

45.　"Layoffs at Cape Total 2,000." *Aviation Week & Space Technology*, July 21, 1975, p. 18.

46.　"Electric Power Systems for Space: A Progress Report." *Astronautics and Aeronautics*, December 1975, pp. 26ff.

47.　"DOD, ERDA Seek Space Power Focus." *Aviation Week & Space Technology*, May 30, 1977, p. 13.

48.　"Carter Discourages Major New Space Efforts." *Aviation Week & Space Technology*, May 30, 1977, p. 13.

49.　"VOYAGER: Running a Planetary Post Pattern" (by Mark D. Zimmerman). *Machine Design*, August 25, 1977, pp. 26ff.

50.　"Technology: Plutonium Power for Space Exploration." *New York Times*. August 31, 1977. (page number not discernible.)

51.　"Space Nuclear Power Gains Foreseen." *Aviation Week & Space Technology*, January 1978, p. 129.

52.　"NASA's Loss of Thrust" (by George C. Wilson). *Aviation Week & Space Technology*, January 1978, pp. 6-10.

53.　"Technology's Brighter Image." *Machine Design*, July 24, 1980, p. 67.

54.　"NASA Moves to Salvage Planetary Program." *Aviation Week & Space Technology*, November 2, 1981, p. 16.

55.　"Science Academy Asks Caution in Research, Development Cuts." *Aviation Week & Space Technology*, November 2, 1981, p. 16.

56.　"Bean-Counting the Solar System" (by William H. Gregory). *Aviation Week & Space Technology*, December 14, 1981, p. 11.

57.　"Solar Polar Plans Advance Despite Pullout by NASA." *Aviation Week & Space Technology*, December 28, 1981, p. 12.

58.　"Better Than Nothing" (by William H. Gregory). *Aviation Week & Space Technology*, July 12, 1982, p. 13.

59.　"Glenn T. Seaborg." *Who's Who in America*, 42nd Edition, 1982-1983, p. 2997.

60. "Isotope." *Collier's Encyclopedia* (1982), Vol. 13, p. 320.

61. "James E. Webb." *Who's Who in America*, 42nd Edition, 1982-1983, p. 3494.

62. "Radioactivity." *Collier's Encyclopedia* (1982), Vol. 19, pp. 604-607.

63. "The Challenge of Space Exploration" (by Robert C. Seamans Jr). *Annual Report of the Board of Regents of the Smithsonian Institution 1961*. Washington: U.S. Government Printing Office, 1962, pp. 260-263.

64. "Vietnam War." *The Encyclopedia Americana* (1983), Vol. 28, pp. 112a-112b.

四、未出版的文件与素材

1. Connor, Lt. Col. Joseph A. *Safety Aspects of the Nuclear Space Program*. Remarks before the Annual Conference of the Atomic Industrial Forum, San Francisco, California, December 15, 1960.

2. Dix, George P. *Nuclear Safety of Space Nuclear Power Systems*. Washington: Atomic Energy Commission, undated.

3. Dix, George P. and Susan S. Voss. *The Pied Piper—A Historical Overview of the U.S. Space Power Reactor Program*. Paper presented at the First Symposium on Space Nuclear Power Systems, Albuquerque, New Mexico, January 11, 1984.

4. Holifield, Chet. *Remarks by Congressman Chet Holifield, Chairman JCAE, on the occasion of Presenting a SNAP 27 Generator to the Smithsonian Institute* (sic), December 9, 1970.

5. Kerr, Thomas B. *Procedures for Securing Clearance*. Washington: National Aeronautics and Space Administration, undated.

6. Morse, J.G. *Summary of Attitudes Encountered in Brazil toward Operational SNAP Devices*. The Martin Company, Nuclear Division, June 5, 1961.

7. Roberts, Dr. Richard W. *Statement for the FY 1976 Appropriations Hearings U.S. Congress*. No date.

8. Roberts, Dr. Richard W. *Statement for the FY 1977 Authorization Hearings Before the Committee on Aeronautical and Space Sciences U.S. Senate*, February 3, 1976.

9. Seaborg, Glenn T. *Nuclear Power and Space*. Remarks prepared for delivery at International Symposium on Aerospace Nuclear Propulsion, Las Vegas, Nevada, October 24, 1961.

10. U.S. Air Force. *Fact Sheet: Lincoln Experimental Satellites LES-8 and -9*. Office of Information, Air Force Systems Command. (No date.)

11. U.S. Atomic Energy Commission. *SNAP Fact Sheet*. Washington: Atomic Energy Commission, September 1, 1963.

12. U.S. Department of Energy. *Organization and Functions Fact Sheet*. Washington: Department of Energy, Office of Public Affairs, October 1, 1977.

13. U.S. Department of Energy. *Program Plan: Office of Special Nuclear Projects (Space and Special Radioisotopic Systems Applications — Revised 6/12/84)*. Washington: Department of Energy, 1984.

14. U.S. Department of Energy. *Space Nuclear Systems Briefing Book*. Washington: Department of Energy, February 1982.

15. U.S. Energy Research and Development Administration. *ERDA Public Information Plan LES 8/9*. Washington: Energy Research and Development Administration, July 1975.

16. U.S. Energy Research and Development Administration. *Information from ERDA: Multi-Hundred Watt Nuclear Generator—Power for LES Satellites 8 and 9*. Washington: Energy Research and Development Administration, July 1975.

五、采访

序号	被访人	地址	日期
1	Brouns, Robert	U.S. Department of Energy Germantown, MD	1984/7/20
2	Carpenter, Robert	Fairchild Industries, Inc. Germantown, MD	1983/11/3
3	Dassoulas, John	Applied Physics Laboratory Howard Co., MD	1983/11/14
4	Dick, Paul	Teledyne, Inc. Timonium, MD	1983/12/8
5	Dix, George ("Mike")	Home Damascus, MD	1983/12/7
6	Finger, Harold	U.S. Center for Energy Awareness Washington, DC	1983/12/6
7	Hall, Charles	Home Los Altos, CA	1984/1/25
8	Kerr, Thomas	National Aeronautics and Space Administration Washington, D.C.	1983/11/10
9	Klein, Milton	Electric Power Research Institute Palo Alto, CA	1984/1/25
10	Linkous, Guy	Teledyne, Inc. Timonium, MD	1984/5/9
11	Mills, Rod	National Aeronautics and Space Administration Washington, D.C.	1984/7/9
12	Pitrolo, Augustine	U.S. Department of Energy Morgantown, W.VA	1984/5/23
13	Press, Harry	Jet Propulsion Laboratory Pasadena, CA	1984/1/23

续表

序号	被访人	地址	日期
14	Rock, Bernard	U.S. Department of Energy Germantown, MD	1984/4/13
15	Seaborg, Glenn	Lawrence-Berkeley Laboratory Berkeley, CA	1984/1/26
16	Soffen, Gerald	NASA (Goddard Space Flight Center) Greenbelt, MD	1984/7/15
17	Stapfer, Gerald	Jet Propulsion Laboratory Pasadena, CA	1984/1/23
18	Truscello, Vincent	Jet Propulsion Laboratory Pasadena, CA	1984/1/23
19	Waldron, Philip	Lincoln Laboratory (by phone) Lexington, MA	1984/7/16
20	Webb, James E.	Home Washington, D.C.	1983/12/12

附录 D　里程碑式事件编年表

序号	时期	社会环境事件	机构变革事件	技术发展事件
1	1896 年			亨利·贝可勒尔发现放射性
2	1913 年			亨利·莫塞莱报告完成了世界第一个核电池的建造
3	1945 年			由米勒塔建的钋-210 核电池（属于列别捷夫①和别利亚科夫类型）产生 10^9 安培电流
4	1945 年 7—8 月	首枚原子弹在阿拉莫戈多、广岛和长崎爆炸，原子时代开始了		
5	1946 年 6—7 月	十字路口行动在比基尼岛② 进行		

---

① 译者认为，此处存在俄文与英文之间的翻译差异，英文原文 Lebanov 经查询实际为苏联科学家列别捷夫（R. M. Lebedev），他与别利亚科夫同属苏联杜布纳联合核研究所（Joint Institute of Nuclear Research）。——译者注

② 比基尼岛原为美国太平洋军事基地，也是美国试验原子弹的地方。1946 年，就在路易斯·里尔德推出比基尼泳装的 5 天前，美国在该岛上进行了一次核试验（表中所指的"十字路口行动"）。后该词形容美女穿比基尼式泳衣带来的冲击有如原子弹。——译者注

续表

序号	时期	社会环境事件	机构变革事件	技术发展事件
6	1946 年 8 月		根据《原子能法案》建立了 AEC	
7	1947 年 1 月		AEC 在第一任主席大卫·利林塔尔领导下开始运作	
8	1947 年 10 月		AEC 指派工业咨询小组调查原子能的和平利用	
9	1948—1952 年	美国在太平洋和内华达州进行了多次原子弹试验。苏联在 1949 年引爆了第一枚原子弹。1952 年，美国在埃尼威托克进行了第一次热核装置试验		
10	1950 年 7 月		戈登·迪恩成为 AEC 主席	
11	1951 年			AEC 签订了一系列合同，研究基于反应堆或同位素的 1 千瓦空间发电装置
12	1952 年			兰德公司发布了一份项目反馈报告，讨论了空间放射性同位素电源。在 AEC 合同支持下，一些公司建议使用同位素开发空间电源
13	1952 年 11 月	艾森豪威尔当选总统。		
14	1953 年 7 月		刘易斯·斯特劳斯成为 AEC 主席	

续表

序号	时期	社会环境事件	机构变革事件	技术发展事件
15	1953年12月	艾森豪威尔在联合国发表关于和平利用原子能的演讲。		
16	1954年8月	1954年的《原子能法案》进一步推动了和平时期原子能利用的发展和反应堆的民用开发		
17	1954年			肯尼斯·乔丹和约翰·博登在土壤实验室制造RTG
18	1955年7月	艾森豪威尔在日内瓦峰会上提出了便于相互空中检查的"开放天空"政策		
19	1955年8月		AEC-国防部飞行器核推进办公室开始启动空间核辅助电源计划	根据国防部要求，AEC开始启动为美国空军使用的核辅助电源系统（包括反应堆和RTG）相关工作
20	1956年2月	AEC提供20 000千克铀-235用于国外的动力和研究反应堆，提供20 000千克用于美国的动力反应堆		
21	1956年3月			针对军用卫星供电需求，马丁·巴尔的摩公司应AEC要求，开始启动基于同位素燃料的空间电源装置的初级开发工作

续表

序号	时期	社会环境事件	机构变革事件	技术发展事件
22	1956年7月		空军先进侦察系统被命名为 WS-117L。	AEC 继续为 WS-117L 开发热源
23	1956年11月	艾森豪威尔连任总统		
24	1957年10月	苏联发射人造卫星。《航空周刊》文章泄露了"风笛手"计划名称(空军代号为117L)		AEC 在空间核辅助电源方面的工作被授权使用新的非密名称"SNAP"
25	1957年11月		总统科学顾问委员会成立。	
26	1958年7月		约翰·麦肯成为 AEC 主席。NASA 成立。	
27	1958年8月	艾森豪威尔宣布暂停武器试验(从10月31日开始)	基思·格伦南被任命为 NASA 第一任局长	
28	1958年11月—1961年9月	美国、英国和苏联同意暂停大气层核试验		
29	1959年1月	艾森豪威尔公开宣称存在一种可用于航天器的环燃料(核武器开发的副产品)		马丁公司和 AEC 向艾森威尔展示 SNAP-3B[1]
30	1960年5月	首脑会议因 U-2 事件而中断	AEC-NASA 核推进联合办公室成立,由哈罗德·芬格担任经理	
31	1960年10月			

① 在白宫椭圆办公室向艾森豪威尔展示的 RTG 电源型号应为 SNAP-3,而非随后因空间应用要求改进的 SNAP-3B。 ——译者注

续表

序号	时期	社会环境事件	机构变革事件	技术发展事件
32	1960 年 11 月	肯尼迪当选总统		
33	1961 年 2 月		詹姆斯·韦伯成为 NASA 局长。	
34	1961 年 3 月		格伦·西博格成为 AEC 主席，原子监管职能由 AEC 法规总监负责	
35	1961 年 5 月	肯尼迪向国会发出特别信息，承诺美国将"在本十年结束前"实现登月		
36	1961 年 6 月			SNAP-3A 在海军子午仪 4A 号航卫星上成功入轨运行。
37	1962 年 2 月	约翰·格伦成为美国首位环绕地球飞行的宇航员。		
38	1962 年 4 月	肯尼迪授权恢复大气层核试验		
39	1962 年 6 月		在总统办公厅设立科学技术办公室	
40	1962 年 7 月 — 1963 年 6 月	在内华达州进行地下核试验		
41	1962 年 10 月	古巴导弹危机		
42	1963 年 8 月	美国、英国和苏联签订《部分禁止核试验条约》		
43	1963 年 9 月			SNAP-9A 在海军子午仪 5BN-1 号航卫星上成功入轨运行

续表

序号	时期	社会环境事件	机构变革事件	技术发展事件
44	1963 年 11 月	肯尼迪遇刺。林登·约翰逊成为总统		
45	1963 年 12 月			第二台 SNAP-9A 在海军子午仪 5BN-2 号导航卫星上成功入轨运行
46	1964 年 4 月			第三台 SNAP-9A 随海军子午仪 5BN-3 号导航卫星发射升空，其后任务中止（SNAP-9A 再入大气层时被烧毁）
47	1964 年 8 月	《东京湾决议》导致美国进一步扩大了在越南的军事干涉。约翰逊总统签署《特殊核材料私有制法》		
48	1964 年 11 月	约翰逊当选总统		
49	1964 年 12 月		AEC 颁发许可证，在没有政府援助的情况下建造壮蚵湾发电厂，这是在竞争基础上建造的第一座民用反应堆	
50	1965—1970 年	越南战争导致对政府的批评增加；对核安全的抗议开始给太空计划预算带来压力		
51	1965 年 4 月			SNAP-10（反应堆）成功入轨
52	1965 年 6 月		哈罗德·芬格担任 AEC 空间核系统部主任。	

续表

序号	时期	社会环境事件	机构变革事件	技术发展事件
53	1965 年 11 月		哈罗德·芬格将众多空间核功能下放至实验室。	
54	1967 年 1 月	因肯尼迪角的阿波罗号火灾，推迟了登月计划。		
55	1967 年 3 月		哈罗德·芬格接受了在 NASA 新的长期任务，由米尔顿·克莱恩取代他在 AEC 和 RTG 计划角色。	
56	1968 年 2 月	越南发生春节攻势。		
57	1968 年 4 月	马丁·路德·金遇刺。		
58	1968 年 5 月			SNAP-19B2 随雨云 B-1 号气象卫星发射升空，其后任务中止，热源被回收。
59	1968 年 6 月	罗伯特·肯尼迪①遇刺。		
60	1968 年 7 月	签署了《不扩散核武器条约②》。		
61	1968 年 10 月		詹姆斯·韦伯退休，不再担任 NASA 局长。	
62	1968 年 11 月	尼克松当选总统		

① 1968 年，美国联邦参议员，5 年前被刺杀的约翰·肯尼迪的弟弟，民主党总统初选初选候选人。——译者注
② 英文为 Non-Proliferation of Nuclear Weapons Treaty。——译者注

续表

序号	时期	社会环境事件	机构变革事件	技术发展事件
63	1968 年 12 月	阿波罗 8 号环绕月球		
64	1969 年 1 月		环境质量委员会成立	
65	1969 年 3 月		托马斯·潘恩成为 NASA 局长	
66	1969 年 4 月			SNAP-19B3 在雨云 III 号气象卫星上成功入轨运行
67	1969 年 7 月	阿波罗 11 号登陆月球		
68	1969 年 11 月			SNAP-27 装置在阿波罗 12 号任务中成功放置在月球表面
69	1970 年 1 月			罗素·特雷恩被任命为环境质量委员会主席，该委员会于 1970 年 8 月向国会提交了第一份报告
70	1970 年 3 月	美国、英国、苏联和其他 45 个国家批准了《不扩散核武器条约》		
71	1970 年 4 月	数百万人参加了第一次 "地球日" 反污染示威活动。阿波罗 13 号任务在前往任月球的途中中止		SNAP-27 热源坠入位于太平洋深处的汤加加海沟
72	1970 年 5 月	总统宣布入侵柬埔寨之后，发生校园骚乱和肯特州立大学惨案		

续表

序号	时期	社会环境事件	机构变革事件	技术发展事件
73	1970 年 7 月		环境保护局与国家海洋和大气管理局成立	
74	1971 年 1 月			SNAP-27 装置在阿波罗 14 号任务中被成功放置在月球表面
75	1971 年 6 月		尼克松总统提议设立新的自然资源部	
76	1971 年 7 月			SNAP-27 装置在阿波罗 15 号任务中被成功放置在月球表面
77	1971 年 8 月		詹姆斯·施莱辛格接替西博格成为 AEC 主席	
78	1971 年 11 月		大卫·加布里埃尔接替米尔顿·克莱恩成为空间核系统部主任	
79	1972 年 2 月	尼克松访问中国，承诺实现关系正常化		
80	1972 年 3 月			SNAP-19 装置成功随先驱者 10 号发射前往木星及以远
81	1972 年 4 月			SNAP-27 装置在阿波罗 16 号任务中被成功放置在月球表面
82	1972 年 5 月	尼克松总统访问苏联，举行首脑会谈并签署 SALT I①		

① SALT I 指第一阶段限制战略武器条约 (Strategic Arms Limitation Treaty I)。——译者注

续表

序号	时期	社会环境事件	机构变革事件	技术发展事件
83	1972 年 9 月			Transit-RTG 装置在海军子午仪 Triad-01-1X 号航空卫星上成功入轨运行
84	1972 年 11 月	尼克松连任总统		
85	1972 年 12 月			SNAP-27 装置在阿波罗 17 号任务中被成功放置在月球表面
86	1973 年 1 月	达成越南战争停战协议,美军退出越南	AEC-NASA 空间核系统联合办公室解散	核火箭推进和空间反应堆计划的重大削减
87	1973 年 2 月		迪克西·李·雷成为 AEC 主席	
88	1973 年 3 月	最后一批美国军人离开越南		
89	1973 年 4 月		国家能源办公室成立并设在总统办公厅	SNAP-19 装置成功随先驱者 11 号发射前往木星、土星及以远
90	1973 年 6 月		尼克松向国会提议设立能源与自然资源部和独立的能源研究与发展管理局	
91	1973 年夏季	水门事件听证会在华盛顿举行		
92	1973 年 10 月	第四次中东战争,阿拉伯 OPEC 国家禁止向美国销售石油	尼克松创建能源研究与发展咨询委员会	
93	1973 年 11 月	尼克松呼吁启动针对可再生能源的独立计划		

续表

序号	时期	社会环境事件	机构变革事件	技术发展事件
94	1973 年 12 月	斯皮罗·阿格纽辞职后，杰拉德·福特宣誓就任副总统	联邦能源办公室成立	SNAP-19 装置成功为飞越木星的先驱者 10 号提供电力
95	1974 年 5 月		《联邦能源管理法》建立了联邦能源管理局，并与联邦能源办公室合并	
96	1974 年 8 月	尼克松辞职。副总统福特成为总统		
97	1974 年 10 月		福特总统签署《能源重组法》，废除 AEC 并建立能源研究与发展管理局和核管理委员会	
98	1974 年 12 月			SNAP-19 装置成功为飞越木星的先驱者 11 号提供电力
99	1975 年 1 月		能源研究与发展管理局启动运行。小罗伯特·希曼斯被任命为局长。RTG 计划成为新的核研究与应用部的一部分	
100	1975 年 4 月	越南军民发起春季攻势，统一全境		
101	1975 年 8 月			SNAP-19 装置成功随维京 1 号任务发射前往火星
102	1975 年 9 月			SNAP-19 装置成功随维京 2 号任务发射前往火星

续表

序号	时期	社会环境事件	机构变革事件	技术发展事件
103	1976 年 3 月			安装有 MHW-RTG 装置的国防部通信卫星——林肯实验卫星 8 号和 9 号成功入轨运行
104	1976 年 5 月		能源研究与发展管理局负责管理克林奇河增殖反应堆	
105	1976 年 7~8 月			SNAP-19 装置在火星登陆任务中成功为维京 1 号和 2 号供电
106	1976 年 11 月	卡特当选总统		
107	1977 年 4 月	卡特宣布美国将无限期推迟对反应堆乏燃料的后处理，并推迟克林奇河增殖反应堆的建设	卡特提议成立内阁级能源部	
108	1977 年 8 月		《能源重组法》建立能源部，并废除能源研究与发展管理局、联邦能源管理局和原子能联合委员会	MHW-RTG 装置成功随旅行者 2 号任务发射前往木星及以远
109	1977 年 9 月			MHW-RTG 装置成功随旅行者 1 号任务发射前往木星及以远
110	1977 年 10 月		能源部启动运行。詹姆斯·施莱辛格被提名为第一任能源部部长	
111	1978 年 1 月	一颗搭载核反应堆的苏联间谍卫星在加拿大西北部上空解体		

续表

序号	时期	社会环境事件	机构变革事件	技术发展事件
112	1978年3月	《核不扩散法》授权总统开展关于核材料扩散的国际研究		
113	1979年1月	伊朗伊斯兰革命爆发，伊朗国王流亡		
114	1979年3月	三英里岛核事故		
115	1979年7月			MHW-RTG装置成功为飞越木星系统的旅行者1号提供电力
116	1979年8月		小查理斯·邓肯被任命为能源部部长	MHW-RTG装置成功为飞越木星系统的旅行者2号提供电力
117	1979年9月			SNAP-19装置成功为飞越土星的先驱者10号提供电力
118	1979年11月	伊朗发生美国使馆人员人质事件		
119	1980年11月	罗纳德·里根当选总统		MHW-RTG装置成功为旅行者1号与土星系统会合提供电力
120	1981年1月		詹姆斯·爱德华兹被任命为能源部部长	
121	1981年2月	里根向国会介绍了"美国的新开端：经济复苏计划"	爱德华兹宣布对能源部进行重大重组，创建能源政策工作组	
122	1981年8月			MHW-RTG装置成功为旅行者2号与土星系统会合提供电力

续表

序号	时期	社会环境事件	机构变革事件	技术发展事件
123	1981 年 10 月	里根宣布核能政策，建议加快部署高放射性废物储存方法，取消对核燃料商业后处理的禁令		

附录 E 同位素电源系统空间应用汇总表

序号	同位素电源系统	赞助机构与航天器	任务类型	发射日期	结果
1	SNAP-3A[①]	海军/子午仪 4A 号	导航卫星	1961 年 6 月 29 日	成功入轨
2	SNAP-3A[①]	海军/子午仪 4B 号	导航卫星	1961 年 11 月 15 日	成功入轨
3	SNAP-9A	海军/子午仪 5BN-1 号	导航卫星	1963 年 9 月 28 日	成功入轨
4	SNAP-9A	海军/子午仪 5BN-2 号	导航卫星	1963 年 12 月 5 日	成功入轨
5	SNAP-9A	海军/子午仪 5BN-3 号	导航卫星	1964 年 4 月 21 日	任务中止，热源再入烧毁
6	SNAP-19B2	NASA/雨云 B-1 号	气象卫星	1968 年 5 月 18 日	任务中止，热源被回收
7	SNAP-19B3	NASA/雨云 III 号	气象卫星	1969 年 4 月 14 日	成功入轨
8	SNAP-27	NASA/阿波罗 12 号	月球探测	1969 年 11 月 14 日	成功部署于月球表面
9	SNAP-27	NASA 阿波罗 13 号	月球探测	1970 年 4 月 11 日	抵达月球途中任务中止，热源返回至南太平洋

① 后续多种文献指出电源型号为 SNAP-3B，与本书中所指 SNAP-3A 存在矛盾，也与附录 H 表中的 SNAP-3B 不符。译者认为在 RTG 计划初期可能存在电源型号编号混乱。——译者注

续表

序号	同位素电源系统	赞助机构与航天器	任务类型	发射日期	结果
10	SNAP-27	NASA/阿波罗 14 号	月球探测	1971 年 1 月 31 日	成功部署于月球表面
11	SNAP-27	NASA/阿波罗 15 号	月球探测	1971 年 7 月 26 日	成功部署于月球表面
12	SNAP-19	NASA/先驱者 10 号	行星际探测	1972 年 3 月 2 日	在木星及以远成功运行
13	SNAP-27	NASA/阿波罗 16 号	月球探测	1972 年 4 月 16 日	成功部署于月球表面
14	Transit-RTG	海军/子午仪 (Triad-01-1X) 号	导航卫星	1972 年 9 月 2 日	成功入轨
15	SNAP-27	NASA/阿波罗 17 号	月球探测	1972 年 12 月 7 日	成功部署于月球表面
16	SNAP-19	NASA/先驱者 11 号	行星际探测	1973 年 4 月 5 日	在木星、土星及以远成功运行
17	SNAP-19	NASA/维京 1 号	火星探测	1975 年 8 月 20 日	成功登陆火星
18	SNAP-19	NASA/维京 2 号	火星探测	1975 年 9 月 9 日	成功登陆火星
19	MHW-RTG	空军/林肯实验卫星 8 号	通信卫星	1976 年 3 月 14 日	成功入轨
20	MHW-RTG	空军/林肯实验卫星 9 号	通信卫星	1976 年 3 月 14 日	成功入轨
21	MHW-RTG	NASA/旅行者 2 号	行星际探测	1977 年 8 月 20 日	在木星、土星及以远成功运行
22	MHW-RTG	NASA/旅行者 1 号	行星际探测	1977 年 9 月 5 日	在木星、土星及以远成功运行

附录 F RTG 计划的预算

表 F-1 RTG 计划财年预算汇总

财年 / 年度	1956	1957	1958	1959	1960	1961
预算 / 千美元	46	485	1890	3526	2386	1170
财年 / 年度	1962	1963	1964	1965	1966	1967
预算 / 千美元	4189	11279	27260	28643	37158	48154
财年 / 年度	1968	1969	1970	1971	1972	1973
预算 / 千美元	35516	29703	20645	18294	16372	29030
财年 / 年度	1974	1975	1976	1977	1978	1979
预算 / 千美元	27900	27272	25085	29137	24100	34000
财年 / 年度	1980	1981	1982	1983	1984	1985
预算 / 千美元	33700	36000	34246	37962	27735	27950

备注：①预算合计 6.81 亿美元；②年均预算 2270 万美元 / 年。

财年预算汇总数据说明

太空 RTG 计划在众多组织机构的领导下进行，其中涉及多次组织机构重组与配置。因此，自 1956 年以来，该计划不容易被识别为一个单独的、独立的实体。在附录 F 中，绘制表 F-1 和图 F-1 时，按照以下程序来确定具有代表性的投入"太空 RTG 计划"的美元金额：

- 1956—1972 年，小计来自 AEC 的"空间电源开发"预算。包含在 RTG 计划预算总数中的具体项目是："放射性同位素""电力转换技术""空间核安全"和"同位素燃料开发"。"同位素燃料开发"直到 1962 年才作为一个预算项独立出现。

- 1973—1974 年，从"空间电源计划"预算中移除两项："总同位素系统运行"总资金和"放射性同位素系统设备"总资金。

- 1975 年，从"空间核系统计划"预算中移除两项："总同位素系统运行"总资金和"空间电源设备"总资金。

- 1976—1977 年，从"核研究与应用计划"预算中移除三项："空间应用运行"总资金、"空间应用固定设备"总资金和"先进同位素分离技术固定设备"总资金。

- 1978—1979 年，使用了"空间和陆地应用运行费用""空间和陆地应用固定设备"的总计，但从每项总计中减去了"陆地同位素应用"的子项目费用。1978 年，后者的"运行"金额为 440 万美元。但在 1979 年，这一项的金额是 430 万美元。

- 1980—1982 年，"先进核系统"下的小计包括"空间和陆地应用运行费用"和"……固定设备"，并减去"陆地同位素应用"分项，每项年度金额为 2000 美元至 270 万美元不等。

- 1983—1985 年，"先进核系统"下的小计包括"空间和特殊应用运行费用"和"……固定设备"，并减去子项目"特殊应用"(被描述为很大程度上面向地面应用)。该项在 1983 年为"0"，在 1984 年和 1985 年为 100 万美元。

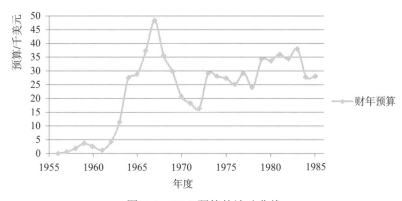

图 F-1　RTG 预算的波动曲线

附录 G　RTG 计划组织机构地点变迁

在 1955—1982 年间，RTG 计划在政府机构中的位置不时发生变化。(参见图 G-1 至 G-7 中的组织架构图。)

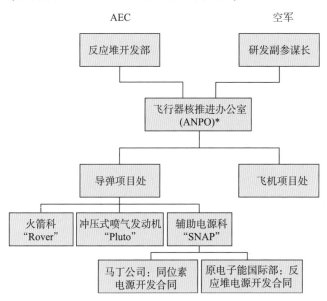

图 G-1　1955—1960 年 RTG 计划管理组织架构

＊：飞行器核推进办公室 (AEC 和空军联合)

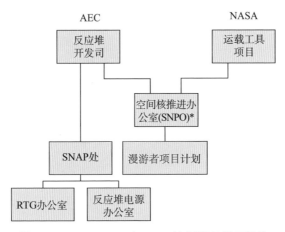

图 G-2　1961—1965 年 RTG 计划管理组织架构

*: 空间核推进办公室 (AEC-NASA 联合)。

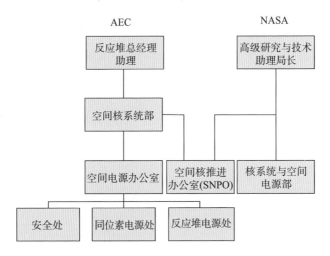

图 G-3　1965—1972 年 * RTG 计划管理组织架构

*: 在 AEC 空间核系统部成立之后。当时 AEC 有 23 个部门。

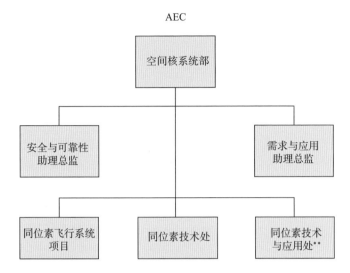

图 G-4　1973—1974 年 * RTG 计划管理组织架构

*: AEC-NASA 联合空间核推进办公室解散后。

**: 早期分为反应堆电源系统处和电力转换处。

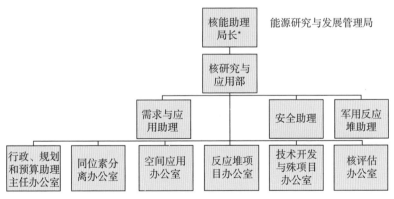

图 G-5　1975—1977 年 RTG 计划管理组织架构

*: 能源研究与发展管理局的其他"助理局长"管辖范围包括：行政、保护；环境与安全、野外作业、化石能源；国际事务、国家安全；规划与分析、地热与先进能源系统。

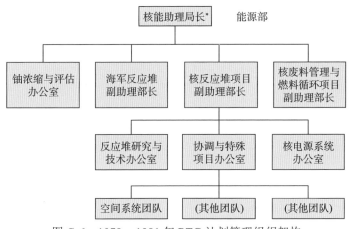

图 G-6　1978—1981 年 RTG 计划管理组织架构

*: 起初该级别名称是"能源技术"，后来它变成了核能。能源部的其他助理部长管辖范围包括：节能和太阳能应用、国防、环境、政府间和机构事务、国际事务、政策和评估资源应用。

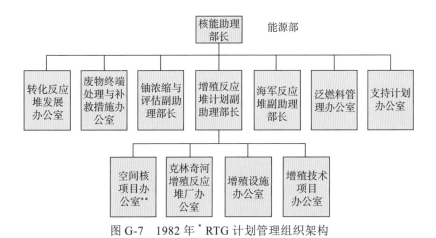

图 G-7　1982 年 * RTG 计划管理组织架构

*: 尽管"能源部 / 核能"的具体架构在重组之前和之后有所不同，但只采用"两级模式"，使机构管理"扁平化"。

**: 后来命名为"空间和陆地应用计划"，然后是"空间和特殊应用计划"。

附录H RTG 技术与型号汇总

型号	SNAP-3B[①]	SNAP-9A	SNAP-19	SNAP-27	Transit-RTG	MHW-RTG	GPHS-RTG
任务	子午仪 4 号	子午仪 5B 号	先驱者号	阿波罗号	子午仪 (Triad) 号	旅行者号	伽利略号
BOM[②]电功率 /W$_e$[③]	2.7	26.8	40.3	73.4	35.6	158.0	292.0
热电材料	PbTe 2N/2P	PbTe 2N/2P	PbTe 2N/TAGS-8	PbTe 3N/3P	PbTe 2N/3P	SiGe	SiGe
钚-238 燃料形态	金属	金属	PMC[④]	氧化物微球	PMC	热压氧化物	热压氧化物
系统效率 /(%)	5.1	5.1	6.2	5.0	4.2	6.6	6.6
比功率 /(W$_e$ · kg^{-1})	1.29	2.2	3.0	2.3[⑤]	2.6	4.2	5.2

上表列出了从 SNAP-3 至 GPHS-RTG (该型号将服役于伽利略任务) 发展过程中 RTG 技术变革与进步。

信息来源：Gary Bennett, James J. Lombardo, and Bernard J. Rock, *U. S. Radioisotope Thermoelectric Generator Space Operating Experience (June 1961-December 1982)*, Paper presented before the 18th Intersociety Energy Conversion Engineering Conference, Orlando, Florida, August 21-26, 1983.

---

① 与附录 C 表中电源型号 SNAP-3A 不符。——译者注

② BOM, Beginning-of-Mission，即任务初期。——原文注

③ W$_e$=watts of electricity, 功率单位瓦特，e 是其下标，表电功率。——译者注

④ Plutonia Molybdenum Cermet，即氧化钚钼金属陶瓷。金属陶瓷：一种由金属和陶瓷物质经压制和烧结而成的耐热合金。——原文注

⑤ SNAP-27 比功率计算时，已包含燃料桶质量。——原文注

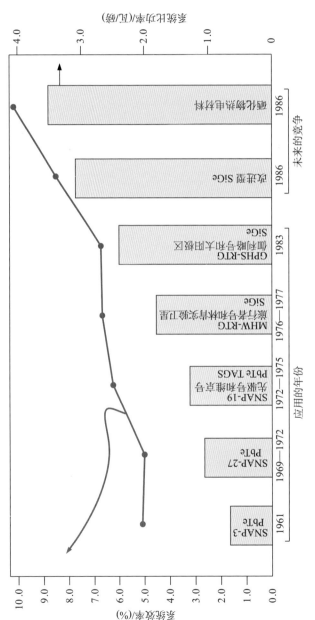

图 H-1 RTG 现有与将来预测性能指标

信息来源：Gary L. Bennett, James J. Lombardo and Bernard J. Rock, Enhancing Technohgical Leadership: Space Nuclear Electric Power Systems, Paper delivered at Annual Meeting of the American Astronauticat Society, October 20-23, 1980, Boston MA.

附录 I RTG 技术的重大发展

1. 技术要点

RTG 本质上由放射性同位素热源和热电转换器组成，热电转换器通过两个由不同金属制成的导体将热能转换为电能，这两个导体在结合点处于不同的温度。热量来自钚-238 的放射性衰变，这是一种半衰期为 87.8 年的放射性同位素。钚-238 为执行美国太空任务的所有 RTG 提供燃料。这种放射性同位素的主要衰变过程通过发射 α 粒子实现，这些粒子很容易被热源内部吸收而产生热量，并且不需要特殊的屏蔽。

2. 设计类型与趋势

自 1961 年以来，RTG 可分为 7 种基本设计概念：SNAP-3，SNAP-9A，SNAP-19，SNAP-27，Transit-RTG, MHW-RTG 和 GPHS-RTG。总体趋势是提高发电器性能、效率和比功率（每千克重量的电功率）。

3. 基本改进

任务的电力需求从几瓦增加到即将到来的伽利略号任务所需的 $292W_e$[①]。即使在燃料用量增加的情况下，引入了高温热电功率转换材料，也仅使系统转换效率仅略有提高；但由于使用了较轻的热电

---

① 电功率单位 W_e=Watts electric，与 W_t 区分。——原文注

转换器外壳材料 (铍或铝)，降低了系统质量，从而使电源系统比功率大幅提高。

4. SNAP-3B

每个 SNAP-3B 型 RTG 都经历了首次飞行，其被设计为提供 $2.7W_e$ 初始电功率。热源封装了钚 -238 金属，热功率约为 $52.5W_t$[①]。设计寿命为 5 年。热电转换子系统由 27 对弹簧加载的碲化铅 (PbTe 2N/2P[②]) 热电元件串联组成，在约 783K[③] 的热端温度和约 366K 的冷端温度下工作。该系统具有 5%~6% 的转换效率[④]和 1.29W/kg 的比功率[⑤]。

5. SNAP-9A

国防部的子午仪 5BN-1 和 5NB-2 号卫星使用 RTG 供电，因为 RTG 具有固有的抗辐射能力，而早期在子午仪上使用的太阳能电池受到 1962 年高空核爆炸辐射的不利影响。每个 SNAP-9A 设计要求为，经地面储存 1 年后，在太空中以 6V 额定电压提供 25 W_e 的功率，持续 5 年。热功率约为 $525W_t$ 的热源由封装在 6 个燃料舱中的钚 -238 金属提供，燃料舱放置在一个分段的石墨蓄热块中。密封发电器的主体为圆柱形镁钍外壳，包含 6 个散热镁翅片和 36 个螺纹孔；将 70 对串联连接的碲化铅 (PbTe 2N/2P) 热电偶[⑥]组装在 35 个模块中，每个模块两对热电偶。在寿命初期，热端温度约为 790 K。RTG 的部分废热可用于将卫星上的电子仪器维持在 293K 附近。

---

① 热功率单位 W_t=Watts thermal，与 W_e 区分。——原文注
② 2N/2P 为碲化铅（PbTe）热电材料的研发批次代号。——译者注
③ 热力学温度单位 K 为开尔文，1℃=273.15 K。——原文注
④ 转换效率 = 输出电功率 / 输入热功率，单位为无量纲。——译者注
⑤ 比功率 = 输出电功率 / 系统总质量，单位为 W_e/kg。——译者注
⑥ 热电偶（thermocouple）= 热电元件（thermoelectric element）。——译者注

6. SNAP-19

该技术改进计划建立在 SNAP-9A 开发的基础上。SNAP-19B 电力系统专为 NASA 的雨云号气象卫星设计——这是 NASA 航天器上 RTG 技术的首次应用演示。需要对 SNAP-19B 进行修改以满足先驱者号和维京号任务的电力需求。

(1) 雨云号 SNAP-19

技术规格要求电源在入轨一年后可提供 $50W_e$。雨云III号上使用了两台 SNAP-19B 装置，其燃料装载量高于 SNAP-9A。为了满足安全要求，钚 -238 燃料从金属形态变为氧化钚微球形态。热电元件由冷压烧结的 PbTe 制成。每个 RTG 热电堆[①]由 90 对碲化铅 (PbTe 3P/2N) 热电偶组成，这些电偶分布在 6 个模块中，每个模块包含平行排列的 3 排，每排 5 对热电偶。模块之间为串联连接，并封装在镁钍外壳中。热端温度为 800K。2 个 RTG 在发射时产生 $49.4\sim56W_e$ 功率，1 年后产生 $47W_e$。与 SNAP-3B 和 SNAP-9A 中使用的密封燃料舱不同，SNAP-19B 燃料舱 [产生的氦气[②]] 被排放到发电器中。功率下降的可能因素被确定为：①氩气泄漏率；②燃料衰变实际产生氦气而非氩气；③氧化钚燃料释放的氧气对热电元件和连接的影响。更改了后续 RTG 的设计以减少这些衰减因素。

(2) 先驱者号 SNAP-19

针对木星飞越任务供电需求，对 SNAP-19B 的转换器、热源和结构配置进行了改进。设计了基于 TAGS[③]和 SnTe/2N 组合的热电偶，通过改进电路将 RTG 出射磁场控制在非常低的水平。填充气体是 75:25 的氦-氩混合气体，添加了锆基吸气剂以消除 RTG 中的氧气。端盖用螺栓连接并密封焊接到圆柱形外壳上，以进一步减少气体泄漏。任务要求 4 个 RTG 在飞越木星时产生 $120\ W_e$ 的总功率。先驱

---

① 由多个热电元件经串 / 并联关系组成的一个整体。——译者注

② 放射性同位素燃料钚 -238 衰变放射出 α 粒子（无核外电子的氦原子核），α 粒子吸收电子中和后变为氦气。——译者注

③ TAGS 是碲化银锑在碲化锗中的固溶体。——原文注

者 10 号与木星相遇时，RTG 总功率输出为 144 W_e，对于先驱者 11 号这一值为 142.6 W_e。飞越土星时的最低功率要求被估计为 90 W_e，而先驱者 11 号上的 RTG 实际上提供了 119.3 W_e。

(3) 维京号 SNAP-19

维京号独特的任务要求包括高温 (400 K) 灭菌、在前往火星长时间巡航期间的储存能力以及承受火星昼夜热循环中快速极端温度变化的能力。每个维京号着陆器都使用了 2 台经过改装的 SNAP-19 型 RTG，以满足这些独特要求。在发射后经历 11 至 12 个月的巡航期，每台 RTG 将在火星表面任务期间连续 90 天产生至少 35 W_e 功率。2 个串联的 RTG 是每个维京号着陆器的主要电源，为科学仪器和四个镍镉电池充电提供能量。RTG 还为着陆器提供热能。4 台 RTG 均超过 90 天的供电要求。

先驱者 SNAP-19 的一个改进是增加了一个圆顶储气罐。转换器的初始填充气体为 90：10 的氦-氩混合气体；用 95：5 的氩-氦混合气体填充储气罐。这种配置可实现两个容积中气体的受控交换，以最大限度地降低发射前的热源工作温度，同时最大限度地提高任务末期的输出电功率。尽管"数据中继功能"已经停止，但在收到最后一次传输时，维京号着陆器上的 RTG 仍在运行，而维京号着陆器 1 号上的 RTG 能够持续提供电力至 1994 年。

在 SNAP-19 的开发过程中，对功率衰减的主要贡献被判断为来自气体效应。基于 SNAP-9A 和雨云号 SNAP-19 的设计变更显著降低了 [先驱者号和维京号任务用]SNAP-19 的衰减效应。

7. SNAP-27

SNAP-27 型 RTG 是为 NASA 阿波罗月球表面实验包提供电力而开发的。RTG 的设计要求是在月面部署 1 年后以 16 V 直流模式提供至少 63.5 W_e。使用 RTG 是一种自然选择，因为其重量轻、可靠性高，并且能够在漫长的月球昼夜循环中产生满功率电力。由于阿波罗月球表面实验包将由宇航员手动部署定位，设计师利用了这

种 [人为] 组装能力：转换器和密封燃料舱在登月舱中保持分离，在到达月球后组装。

SNAP-27 使用了 442 对由碲化铅 (PbTe 3N/3P) 制成的热电偶，分为 2 组，每组由 221 对热电偶串联连接，2 组再并联。装载有钚 -238 氧化物微球，燃料舱提供的额定功率为 1480 W_t，热量通过辐射耦合传输至 RTG 的热框架 [1]。设计分析和地面试验表明，在月球环境中，热端温度约为 866K，冷端温度保持在 547 K 左右。冷框架和外壳均由铍制成。8 块铍制横轧翅片通过钎焊整体连接到外壳。转换器的质量为 12.7 kg。不考虑登月舱石墨桶时，燃料舱套件的质量约为 7 kg[2]。

5 个由 SNAP-27 供电的阿波罗月球表面实验包被部署在月球表面。对于每次任务，所有 RTG 在功率和寿命方面都超出了其任务要求。当 NASA 于 1977 年 9 月 30 日关闭月面实验站时，所有由 RTG 提供电力的 5 个阿波罗月球表面实验包仍然在运行。

8. Transit-RTG

Transit-RTG 是专门为国防部的子午仪 Triad 号导航卫星开发的主电源。辅助电源由 4 块太阳能电池板和 1 块 6 AH 镍镉电池组成。Transit-RTG 计划的目标是生产一种 RTG，其能够在 5 年后的任务末期至少提供 3V 电压和 30W_e 功率。为此，热电转换器被设计为由 12 块侧面放置的热电转换板 (爱松特 [3]) 组成，热电转换板使用了轻质碲化铅 (PbTe) 热电材料，可在真空中较低的热端温度 (673 K) 下工作，不需要严格密封和气体保护以抑制热电材料的升华。Transit-RTG 采用"模块化"设计；每块爱松特热电转换板包含 36

---

[1]　一种将同位素热源热量收集并传给热电转换器的结构。——译者注

[2]　SNAP-27 装置的总质量约为 19.7kg，通常不应将其他辅助件的质量纳入 RTG 总质量计算。——译者注

[3]　英国爱松特公司 (Isothermal Technology Limited，简称 Isotech)。——译者注

对碲化铅 (PbTe 2N/3P) 热电偶，按照串-并联矩阵排列，其中 4 对先并联成一行，9 行再串联成一列。转换板在结构上由 12 个由特氟纶绝缘体填充的网状镁钍角柱支撑。转换器和热源的质量分别为 5.98 kg 和 4.2 kg。算上钛制热源笼和支撑结构，Transit-RTG 的总质量约为 13.6 kg。子午仪 Triad 号卫星的短期目标得以演示，包括验证 RTG 性能；然而，遥测转换器故障导致进一步的遥测数据丢失。子午仪 Triad 号卫星继续正常运行，并使用 RTG 的电力持续获取并提供磁力仪数据。

9. MHW-RTG

MHW-RTG 的主要设计目标为 " 大幅度提高空间 RTG 的输出功率 "。国防部林肯实验卫星 8 号和 9 号，需要每台 RTG 提供 125W_e，任务末期输出电压为 30±0.5 V，发射后的使用寿命至少为 5 年。NASA 旅行者号任务要求每个 RTG 提供 128 W_e，任务末期输出电压为 30±0.5V 或者发射后运行寿命不低于 4 年。为了达到这些要求，MHW-RTG 配备了新热源，由 24 个压制的氧化钚燃料球组成，每个燃料球产生约 100W_t。通过 312 对高温硅锗 (SiGe) 合金热电偶实现热电转换。转换器由 1 个铍外壳、若干端部封装结构 (为热源提供物理支撑)、若干热电元件、1 个由钼-航空石英制成的多层箔绝缘包、1 个钼制内部框架以及 1 个气体管理系统组成。气体管理系统维持氩气或氙气环境，使 RTG 在发射台上处于部分功率运行 [①] 模式；通过泄压装置排放气体，实现空间环境下 RTG 的满功率运行。林肯实验卫星 8 号和 9 号及旅行者 1 号和 2 号的 RTG 飞行单元平均质量分别为 39.69 kg 和 37.69 kg。312 对热电偶布置在 24 个成列的圆环中，每个环包含 13 对热电偶，每对单独用螺栓连接至外壳。设计的热端温度为 1273 K，冷端温度为 573 K。设计输出电压为 30 V。旅行者 2 号的第三台 RTG 的峰值初始功率为

---

①　通过调节内部气氛环境，可调节 RTG 输出功率处于一种"非满功率"状态，以延长 RTG 寿命。——译者注

159.6W_e。MHW-RTG 使得林肯实验卫星 8 号和 9 号在轨运行 5 年之后仍然能够工作；使 NASA 得以完成飞往木星和卫星的任务；并将使旅行者 2 号能够在 1986 年执行飞往天王星的扩展任务。

10. GPHS-RTG

MHW-RTG 优异的性能及表现导致将 SiGe 技术用于高功率 (285We)GPHS-RTG，该 RTG 将于 1986 年在 NASA 伽利略号木星任务和环日国际太阳极区任务中发射。

11. 向高温材料的转变

使用高温硅锗 (SiGe) 合金作为热电转换材料是航天器要求 RTG 具有更高功率水平和更低质量的直接结果。通常，较高的热端工作温度意味着高效率，尽管最佳温度取决于任务周期，即抑制升华效应至最小化。通过优化冷端温度可以获得期望的功率质量比[①]。据初步估计，在材料性能和品质因子成为关注点之前，碲化铅 (PbTe) 可在室温至约 900 K 的范围内使用，而硅锗合金可在室温至约 1300 K 的范围内使用，并具有以高效率提供更高功率的潜力。

---

① 即质量比功率，电源输出功率与电源质量之比，单位通常为 W/kg。——译者注

中英文索引①

---

① 索引中的页码为英文原著页码，即本书的边码。英文原著中所有图片都集中于 45—55 页，本书则根据图片内容将其插入正文相应的位置，故图片的边码与正文的边码可能出现不连续。——译者注

译者按

　　人类在对微观世界和宏观世界的探索中催生了 20 世纪以来两个对人类历史产生重大影响的科学技术领域，这就是核科学技术领域和空间科学技术领域。这两个科学技术领域的交叉融合为人类探索更加遥远的未知世界创造了新的机会。

　　1896 年，法国物理学家贝可勒尔 (H. Becquerel) 发现了铀原子核的天然放射性，打开了人类在原子核尺度认识微观世界的大门。伴随着人工放射性核素 [①] 和核裂变 [②] 等一系列重大发现，人们将核科学技术的重要成就应用到了人类社会的各个方面，对人类历史进程产生了重大影响。除了众所周知的核武器和核电，核技术在工业、农业、医疗、生物、环境等方面均有广泛的应用。在这一过程中，核衰变能的应用也在绚丽多彩应用研究中悄然发展，英国科学家莫塞莱 (H. G. Moseley) 于 1913 年搭建世界上第一个核电池，美国科学家米勒 (P. H. Miller) 于 1945 年搭建了一台钋 -210 核电池，但是在 1961 年美国发射的海军导航卫星子午仪 4A 号首次将放射性同位素电源带入太空之前，核衰变能的应用一直没有机会一展身手。

　　20 世纪中期，美国和苏联已经进入冷战初期，两大阵营都在寻求拥有超越对方的军事实力和技术能力。美国和苏联逐渐开始注

---

①　1934 年玛丽·居里 (Marie Curie)。

②　1938 年莉泽·迈特纳 (Lise Meitner)。

意到放射性同位素衰变能和核反应堆裂变能可以服务于除核武器外的其他军事目的，由此产生了军用核动力技术。军用核动力主要包括军用舰船核动力和空间核动力。空间核动力具有重要的军用和民用前景，可以满足高功率通信卫星、空间武器平台、军事侦察预警、空间遥感、碎片清除、深空探测、空间飞行器推进等领域对电源和推进动力的需求。空间核动力按用途可分为空间核电源和空间核推进。空间核电源是指将核裂变或核衰变生成的热能转换为电能。放射性同位素温差发电器功率较小，为毫瓦级至百瓦级；核反应堆电源功率较大，为千瓦级至兆瓦级。在外行星探测中，由于空间探测器远离太阳，难以利用太阳能发电，必须采用核电源。

继 1961 年美国将第一个放射性同位素电源 SNAP-3B 成功发射之后，1965 年，美国又成功地将世界上第一个空间核反应堆电源 SNAP-10A 送上了太空。至此，空间核动力进入了实质性发展的新纪元。据公开文献报道，1961 年至今，美国在 28 次空间任务中使用了 300 个钚 -238 同位素热源和 47 台钚 -238 同位素电源，为美国国防部和宇航局的航天器提供热能和电能。与美国不同的是，苏联 (俄罗斯) 则更加偏好于空间核反应堆的研发与应用。截至当前，苏联和俄罗斯共发射了 38 个空间核反应堆电源。目前，美国和俄罗斯已建立了空间核电源开发、验证、生产、应用能力，处于世界领先地位。鉴于钚 -238 同位素燃料获取难度较大和同位素电源研发面临较高的安全风险，美国能源部在《空间电源十年战略发展规划》中宣称，钚 -238 同位素热源和电源研发能力是美国独特的国家能力。虽然经过短暂的停滞，但是 20 世纪 90 年代后，在明确的军事需求驱动下，美、俄两国被搁置的空间核动力研发计划重新启动。

近二十年来，我们共同见证了中国航天的飞速发展和取得的卓越成就。2013 年嫦娥 3 号实现了我国同位素热源的首次应用，2019 年，嫦娥 4 号实现了我国同位素电源的首次应用，标志着我国正式进入空间核动力时代。我们欣然看到，空间核动力已经成为联系我国核科学技术领域和空间科学技术的纽带，在走向更加遥远的星际空间，探索外太空奥秘的征途上，两个科学技术领域的交叉融合，必将孕育出熠熠生辉的创新成果。

　　中国工程物理研究院核物理与化学研究所是以核科学技术为主要学科，聚焦国家国防和战略任务需求的国防科技研究所，致力于建设成为在核科学技术领域有影响力的创新型研究所。我所自2007年开始跟踪同位素电源技术，并在2014年组建了一支集"科学、技术、工程"于一体的研发团队。随后，我所又组建了空间核反应堆电源研发团队。目前，在国家空间核动力战略需求的牵引和支持下，我所依托核科学技术领域的长期积淀，逐步取得了空间核电源总体设计与分析、先进燃料芯块制备、高温热电材料与器件、高温高性能热管制造、材料辐照效应与考核、电源集成测试与试验等方面的重大进展。在国家空间核动力战略规划的统一部署下，我所将与业内同行和航天相关单位携手奋进，为我国的空间核动力事业发展贡献力量。

　　在空间核电源研发的过程中，我所的科研人员进行了广泛的调研。其中的两本书引起了我们的长期关注，但直到2022年才拿到原文，得以详细阅读全书内容，它们分别是 *Atomic Power in Space: A history* 和 *Atomic Power in Space II: A History of Space Nuclear Power and Propulsion in the United States*。这两本书不同于专注于任务情况介绍和技术细节描述的科技报告与论文，它们清晰地描绘了美国在空间核动力发展过程的一些历史事实和技术脉络。我们不加掩饰地承认，在翻开这两本书的那一刻就萌生了将其全文翻译并公开出版的想法。我们认为"他山之石可以攻玉"，翻译出版它们的初衷，是让我国从事空间核动力的管理者、研发者和使用者都能够了解它们，从美国的经验教训中得到一些有益的借鉴和启发，从而推动我国空间核动力能够更快更好地发展。*Atomic Power in Space: A history* 一书是由美国能源部专项资助，聘请史学家撰写的，他从一个史学家的独特视角用"非技术语言"讲述了自1950年中期至1982年期间美国放射性同位素电源的发展历程。*Atomic Power in Space II：A History of Space Nuclear Power and Propulsion in the United States* 是由美国能源部要求并授权爱达荷国家实验室编写，记录了美国 1983 年至 2013 年这 30 年间"太空中的原子能"的发展历程。尽管这两本书分别由史学家和科学家撰写，叙事方法存在巨大的风格差异，但这不影响我们从中获得期待的收益。为了让读者早日读到这两本书的中译本，我们先安排了 *Atomic Power in Space: A history* 一书的翻译出版，后续将会尽快安排 *Atomic Power in Space II*：*A History of Space Nuclear Power and Propulsion in the United States* 的翻译出版。

正如前文所述，本书取名为《太空中的原子能：一段历史》，讲述了 1950 年中期至 1982 年期间，美国放射性同位素电源的发展背景、技术进步、组织变革，以及这项技术如何与太空任务进行结合，并详细地记录了历史事件。在翻译过程中，我们尽可能对原著通篇进行逐字逐句直译，以求能够全面地、准确地反映原文的本意。原著包含前言、序言、正文、附录和索引，译文完整翻译了所有内容，原文内容未作任何增删。为方便读者阅读与理解，中译本结合当前空间核动力的发展现状，在不影响原文框架及内容的前提下，做了适当的补充，主要包括：(1) 以脚注形式补充了一些译者的注解；(2) 整理并增加了两个附录，即"人名及职务对照表"和"组织机构名称对照表"；(3) 根据原文信息重制了更清晰的图和表 (不包括照片)。

特别感谢国家航天局张克俭局长和吴伟仁院士，他们倾注了大量心血，对本书的翻译工作给了很多宝贵的指导和具体修改意见，使本书的翻译更加科学和准确。他们欣然命笔为本书作序，从任务总体、组织架构、技术融合的角度提出了深刻见解，为我们的后续工作指明了方向。

本书的翻译工作得到了众多专家的帮助，感谢国家航天局探月与工程中心唐玉华研究员、中国核动力研究设计院孙寿华研究员、中国空间技术研究院总体设计部朱安文研究员、中国电子科技集团公司第十八研究所任保国研究员和清华大学陈靖教授，没有他们的细心审阅和指导，译著无法得以高质量完成。此外，本书在翻译出版过程还获得了其他许多同志的帮助，在此无法一一列举，译者谨向他们一并致谢。

北京大学出版社陈小红编辑和王剑飞编辑为本书的翻译授权及编辑出版付出颇多，特此感谢。

本书可供我国空间核动力领域相关的决策者、管理者、使用者、科学家、工程师等从业人员参考阅读，也可供大专院校相关专业的研究生、本科生学习使用。译者认为，对航天领域或核领域感兴趣的普通读者而言，本书亦是一本"食之有味"的读物。

最后，由于译者学识所限，书中不足和错误在所难免，请读者不吝指正。

译者

2022 年 10 月 16 日

图书在版编目(CIP)数据

太空中的原子能：一段历史 / 美国能源部组编；向清沛，彭述明，郝樊华译. —北京：北京大学出版社，2023.9
ISBN 978-7-301-34296-1

Ⅰ.①太⋯ Ⅱ.①美⋯ ②向⋯ ③彭⋯ ④郝⋯ Ⅲ.①航天器 – 放射性同位素 – 电源 – 历史 – 美国 Ⅳ.①V442

中国国家版本馆CIP数据核字(2023)第177221号

书　　　名	太空中的原子能：一段历史
	TAIKONG ZHONG DE YUANZINENG：YIDUAN LISHI
著作责任者	美国能源部　组编
	向清沛　彭述明　郝樊华　译
责 任 编 辑	王剑飞
标 准 书 号	ISBN 978-7-301-34296-1
出 版 发 行	北京大学出版社
地　　　址	北京市海淀区成府路205 号　100871
网　　　址	http://www.pup.cn　新浪微博:@北京大学出版社
电 子 邮 箱	zpup@pup.cn
电　　　话	邮购部010-62752015　发行部010-62750672
	编辑部010-62765014
印 刷 者	北京九天鸿程印刷有限责任公司
经 销 者	新华书店
	880毫米×1230毫米　A5　7.25印张　216千字
	2023年9月第1版　2023年9月第1次印刷
定　　　价	69.00元